石油钻探企业
消防安全实用手册

中国石油天然气集团公司安全环保与节能部　编

石油工业出版社

内 容 提 要

本书结合现场实际,从实用性和可操作性出发,内容包括消防基础知识、钻井现场防火防爆风险区、防火防爆风险管控措施、消防设施管理、火灾应急管理、消防安全典型违章隐患、作业现场典型火灾爆炸事故案例七个方面。

本书可作为钻井现场消防管理和操作的实用手册,为钻探企业各级安全管理、操作人员提供借鉴和参考。

图书在版编目(CIP)数据

石油钻探企业消防安全实用手册/中国石油天然气集团公司安全环保与节能部编. —北京:石油工业出版社,2017.10(2023.6重印)
ISBN 978-7-5183-2142-1

Ⅰ.①石… Ⅱ.①中… Ⅲ.①石油企业－消防管理－中国－手册 Ⅳ.①TE687-62②D631.6-62

中国版本图书馆CIP数据核字(2017)第230687号

出版发行:石油工业出版社有限公司
　　　　(北京朝阳区安定门外安华里2区1号　100011)
　　　　网　　址:www.petropub.com
　　　　编辑部:(010)64222430
　　　　图书营销中心:(010)64523633
经　　销:全国新华书店
印　　刷:北京九州迅驰传媒文化有限公司

2017年10月第1版　2023年6月第3次印刷
787毫米×1092毫米　开本:1/16　印张:10.75
字数:210千字

定价:80.00元
(如出现印装质量问题,我社图书营销中心负责调换)

《石油钻探企业消防安全实用手册》

编 委 会

主　编：徐非凡，川庆钻探工程有限公司长庆钻井总公司

副主编：李建林，川庆钻探工程有限公司安全环保节能处

　　　　李晓明，川庆钻探工程有限公司长庆钻井总公司

　　　　李守泉，川庆钻探工程有限公司长庆钻井总公司

　　　　李红瑞，川庆钻探工程有限公司长庆指挥部

委　员：韩红卫，川庆钻探工程有限公司长庆钻井总公司质量安全环保部

　　　　王　勇，川庆钻探工程有限公司长庆钻井总公司质量安全环保部

　　　　叶　毅，川庆钻探工程有限公司长庆钻井总公司生产运行部

　　　　李　阳，川庆钻探工程有限公司长庆钻井总公司质量安全环保部

　　　　陈鹏生，川庆钻探工程有限公司长庆指挥部

　　　　殷宝林，川庆钻探工程有限公司长庆钻井总公司机修公司

　　　　谭宁军，川庆钻探工程有限公司长庆钻井总公司质量安全环保部

　　　　谢　敬，川庆钻探工程有限公司长庆钻井总公司质量安全环保部

　　　　李占柱，川庆钻探工程有限公司长庆钻井总公司质第三工程项目部

　　　　杨宗安，川庆钻探工程有限公司长庆钻井总公司质第四工程项目部

　　　　莫思军，川庆钻探工程有限公司长庆钻井总公司第三工程项目部

前 言

    火灾无情，吞噬一切。随着石油钻探行业高集成化、高科技化的发展，加之行业的特殊性，依托的资源和使用的原材料种类越来越多，火灾、爆炸致灾因素明显增多，防控难度增大。近年来，石油钻探行业每年均有大大小小的火灾爆炸事故，造成了惨重的人员伤亡和巨大的财产损失，使许多家庭妻离子散，大量社会财富化为灰烬，带来了严重的不良社会影响。据某钻探公司统计，公司发生的火灾爆炸事故致因中，人员操作不当占 33% 以上，现场隐患占 42% 以上，火灾处置不当占 10% 左右。在钻井作业现场，消防安全违章、隐患也大量存在，分析发现，多数是因管理人员、操作人员对消防安全知识掌握不足而造成的。因此，系统学习钻探作业现场消防知识，熟悉风险及管控措施，掌握消防设备设施的使用和应急处理方法尤为重要。

    本书结合现场实际，从实用性和可操作性出发，内容包括消防基础知识、钻井现场防火防爆风险区、防火防爆风险管控措施、消防设施管理、火灾应急管理、消防安全典型违章隐患、作业现场典型火灾爆炸事故案例七个方面，同时附有消防安全管理相关法律法规、标准清单，可作为钻井现场消防管理和操作的使用手册，希望给读者提供借鉴和参考。

    本书在编写过程中，得到了中国石油川庆钻探工作有限公司领导和专家的指导，同时得到了中国石油质量安全环保部邱少林、胡月亭，安全环保技术研究院张敏和中国石油渤海钻探工程有限公司王福国、高长福以及中国石油长城钻探工程有限公司乔永富、王广宇等的支持，在此一并表示感谢。

    由于编者水平有限，书中疏漏和错误在所难免，敬请读者批评指正。

编者

2017 年 4 月

目　录

第一章

消防基础知识

消防知识涉及火灾特性、火灾防护、灭火原理以及灭火设施等多个方面。掌握消防基础知识，能够更好地了解火灾、预防火灾、消灭火灾，是企业抓好消防安全的必要前提。本章结合钻探企业现场实际，从燃烧、火灾、爆炸的基本特性和常用消防设施的基础知识四个方面介绍消防基础知识。

第一节　燃烧基本特性

燃烧是引发火灾的最直接的起因，任何一种可燃物都有着火点，只有在达到特定的条件时才能燃烧，并以多种形式展现。

一、燃烧的概念

燃烧是可燃物跟助燃物（氧化剂）之间发生的一种发热发光的化学反应。

燃烧不一定要有氧气参加，但一定是化学反应。比如金属钠（Na）和氯气（Cl_2）反应生成氯化钠（NaCl），该反应没有氧气参加，但是剧烈的发光发热的化学反应，属于燃烧。而轻核的聚变和重核的裂变都是发光、发热的"核反应"，不是化学反应，不属于燃烧。

二、燃烧条件

燃烧必须具备三个条件：一是有可燃物质存在（固体燃料如煤，液体燃料如汽油，气体燃料如甲烷）；二是有助燃物质的存在，通常的助燃物质有空气、氢、氯、氧等；三是有导致燃烧的能源，即点火源，如撞击、摩擦、明火、高温表面、发热自燃、绝热压缩、电火花、光和射线等。可燃物质、助燃物质和点火源也称为燃烧的三要素。三者只有同时存在，相互作用燃烧才有可能发生，缺少其中任一要素，燃烧都不能发生。

燃烧的三要素只是燃烧的必要条件。要使燃烧能持续发生和蔓延，还必须达到另外两个条件：

（1）可燃物质和助燃物质达到一定的数量和浓度。对于一般可燃物质，空气中氧的浓度小于14%时，通常不会发生燃烧。甲烷在空气中的浓度小于1.4%或是空气中的氧浓度小于12%时，甲烷都不会燃烧。对于固体物质，通常用氧指数来评价其可燃性。

氧指数又称临界氧浓度（COC）或极限氧浓度（LOC）。

（2）点火源必须具备一定的强度。电焊火花的温度可达 1200℃，能点燃可燃气体与空气的混合物、易燃液体和油面纱等，但却不能点燃木材、煤炭等，这说明可燃物质不同，需要的引燃火源的强度也不同。引起一定浓度可燃物质燃烧的最小能量称为该物质的最小点火能量，如点火源的能量小于该物质的最小点火能量，就不能引燃该物质。最小点火能量是衡量可燃气体、蒸气或粉尘燃烧爆炸的主要危险参数。

可燃物质、助燃物质和点火源必须同时存在、相互作用燃烧才有可能发生的基本理论，是防火技术的根本依据。一切防火技术措施都包括两个方面：一是防止燃烧必要条件的同时存在，二是避免其相互作用。

三、燃烧形式

一般来讲，可燃性气体、液体或固体在助燃性气体中燃烧时，总是采取下列几种形式中的某一种：

（1）气体的扩散燃烧：如氢气、酒精蒸气可燃性气体一边从管口流至空气中一边燃烧，两种气体因为互相扩散而混合，进入燃烧范围的部分便形成局部的剧烈反应带（火焰）并继续燃烧。此时的火焰叫作扩散焰，这种燃烧形式的燃烧速度不仅决定于反应的本身，还决定于气体的扩散速度，因此比较缓慢。

（2）液体的蒸发燃烧：像在醚、苯等易燃性气体的燃烧中所看到的那样，由于液体的蒸发而在液面上生成的蒸气和空气因扩散而混合，进入燃烧组成范围的部分就形成火焰而燃烧。因此，在各种液体中达到固有的闪点以上的温度，就会发生这种形式的燃烧。此时一旦起火，由于所产生的火焰的温度引起液体表面的加热而促进其蒸发，因此其结果使燃烧持续到液体全部蒸发为止。即使像萘、硫这样常温下的固体，因加热而升华，或者熔融而蒸发时也同样会进行蒸发燃烧。

（3）固体的分解燃烧：纸、木材、煤等固体可燃物或像脂肪油那样分子量较大的液体可燃物燃烧时，都伴随着这些物质的热分解，例如把木材在空气中加热时，首先失去水分而干燥，随后产生热分解，放出可燃性气体，它被点着就会产生火焰，如果一旦着火，由于生成火焰的温度会促进木材的热分解而使燃烧持续下去。

（4）固体的表面燃烧：像上述木材燃烧那样，热分解的结果产生炭化作用，在固体表面上生成的无定型炭与空气接触的部分着火，产生所谓"炭火"，燃烧就会持续下去，这种形式的燃烧特点是固体直接参与燃烧，不形成火焰，箔状和粉状的高熔点金属的燃烧也属此类。

（5）非均相燃烧：可燃物质和氧化剂处于不同相态而非单一相态的燃烧。与均相燃烧相比，其机理复杂得多。当发生非均相燃烧时，可燃物质分子与氧化剂分子的接触必须依靠不同相之间的扩散作用。其燃烧速度在很大程度上取决于物理扩散速度，且受传热情况的影响较明显。所有固体、液体可燃物在空气中的燃烧都属非均相燃烧，即使是气体在空气中燃烧，也会因分解生成炭粒（烟粒）而形成异相火焰，其中炭粒的燃烧仍属非均相燃烧。非均相燃烧及其引起的事故广泛存在于一般工业生产过程之中。

（6）扩散燃烧：指混合扩散因素起着控制作用的燃烧。扩散燃烧的主要特点如下：

①可燃物与空气分别送入燃烧室，边混合、边燃烧。

②可燃物与空气中的氧进行化学反应所需时间与通过混合扩散形成可燃混合气所需时间相比少到可以忽略不计的程度。

③燃烧时产生的火焰较长，且多呈红黄色。此时，燃料燃烧所需的时间主要取决于与混合扩散有关的因素，包括气流速度、流动状况（层流或湍流）、气流流经的物体形状和大小等。炭粒、油滴或液体燃料自由液面的燃烧均属于扩散燃烧的范畴。

（7）气体泄漏燃烧：指可燃性气体或液化气体从生产、使用、贮存、运输等装置、设备、管线中泄漏引起的燃烧。可燃气体泄漏到环境中，是爆炸引起燃烧还是燃烧中导致爆炸，由泄漏与点火的先后顺序及燃烧中装置状态决定。如果气体在泄漏的同时被点燃，将会在泄漏处燃烧；如果泄漏到空气中达一定量与空气形成爆炸性混合系之后才遇到火源，将首先发生爆炸，泄漏部位在爆炸之后持续燃烧。气体如果被点燃，在一般情况下不会引起爆炸；但是如果火焰熄灭，而气体继续泄漏并分布在一定空间再次遇到火源或者系统气体突然大量泄漏时将会导致爆炸。泄漏燃烧有两种情况：气体泄漏速度大于或等于气体燃烧速度，则会喷射燃烧；泄漏速度小于燃烧速度，则会回火以致系统内爆炸。

（8）绝热燃烧：指燃烧形成的火焰未把热量传递给外界环境或周围其他物体的燃烧。因不存在传热、散热损失，故可燃物在绝热燃烧过程中所释放出的燃烧生成热可全部用于加热燃烧产物本身，使之温度升达一般燃烧所无法达到的温度，在工程上有利于燃料的完全燃烧，使燃烧效率显著提高，而且还为燃烧生成热的充分利用创造了良好的热力学条件。绝热发动机之所以具有很高热经济性，其根本原因就在于基本上实现了绝热燃烧。为了使实际燃烧过程能大致接近绝热燃烧，要求燃烧室和其他耐热部件都必须采用耐热性能好、热导率小、膨胀系数低的高强度优质材料制造。事故状态下的绝热燃烧往往会导致爆炸，而由燃烧引起的爆炸现象均可视为绝热燃烧过程。

燃烧的形式虽然多种多样，但并不一定是有害的。只要是在人的设计控制之中发生燃烧反应，就可以为生产、生活提供热能或转化为动力，为生产生活服务。因此，应该深入认识各种燃烧形式，加以控制利用。

四、燃烧种类

（一）闪燃与闪点

当火焰或炽热物体接近易燃或可燃液体时，液面上的蒸气与空气混合物会发生瞬间火苗或闪光，此种现象称为闪燃。由于闪燃是在瞬间发生的，新的易燃或可燃液体的蒸气来不及补充，其与空气的混合浓度还不足以构成持续燃烧的条件，故闪燃瞬间即熄灭。

闪点是指易燃液体表面挥发出的蒸气足以引起闪燃时的最低温度。闪点与物质的饱和蒸气压有关，物质的饱和蒸气压越大，其闪点越低。如果易燃液体温度高于它的闪点，则随时都有触及火源而被点燃的危险。闪点是衡量可燃液体危险性的一个重要参数。可燃液体的闪点越低，其火灾危险性越大。

（二）自燃与自燃点

自燃是可燃物质自发着火的现象。可燃物质在没有外界火源的直接作用下，常温中自行发热，或由于物质内部的物理（如辐射、吸附等）、化学（如分解、化合）、生物（如细菌的腐败作用）反应过程所提供的热量聚积起来，使其达到自燃温度，从而发生自行燃烧。

可燃物质在没有外界火花或火焰的直接作用下能自行燃烧的最低温度称为该物质的自燃点。自燃点是衡量可燃性物质火灾危险性的又一个重要参数，可燃物质的自燃点越低，越易引起自燃，其火灾危险性越大。

一般说来，液体密度越小，闪点越低，而自燃点越高；液体密度越大，闪点越高，而自燃点越低。例如汽油、煤油、轻柴油、重柴油、蜡油、渣油，其闪点逐渐升高，自燃点逐渐降低，见表1-1。易燃液体和可燃液体的闪点见表1-2。

表1-1 几种液体燃料的自燃点和闪点比较

物质	闪点 ℃	自燃点 ℃	物质	闪点 ℃	自燃点 ℃	物质	闪点 ℃	自燃点 ℃
汽油	< 28	510 ~ 530	轻柴油	45 ~ 120	350 ~ 380	蜡油	>120	300 ~ 380
煤油	28 ~ 45	380 ~ 425	重柴油	>120	300 ~ 330	渣油	>120	230 ~ 240

表1-2 易燃液体和可燃液体的闪点

名称	闪点 ℃	名称	闪点 ℃	名称	闪点 ℃	名称	闪点 ℃
硝基苯	87.8	氯乙烯	14	丁二酸酐	88	丙烯酸甲酯	−2.7
乙醚	−45	二氯丙烯	15	丁二烯	41	丙酸乙酯	12
乙基氯	−43	氯乙烷	21	十氢化萘	57	丙醛	15
乙烯醚	−30	二甲苯	25	三甲基氯化硅	−18	丙烯酸乙酯	16
乙基溴	−25	二甲基吡啶	29	三氯苯	12	丙胺	<20
乙胺	−18	二异丁胺	29.4	三乙胺	4	丙烯醇	21
乙烯基氯	−17.8	二甲氨基乙醇	31	三聚乙醛	26	丙苯	23
乙醛	−17	二乙基乙二酸酯	44	三甘醇	166	丙酸	30
一烯正丁醚	−10	二乙基乙烯二胺	46	三乙醇胺	175.4	丙醇丁酯	32
乙烯异丁醚	−10	二聚戊烯	46	飞机汽油	−41	丙酸正丙酯	40
乙硫醇	< 0	二丙酮	49	己烷	−23	丙酸异戊酯	40.5
乙基正丁醚	1.1	二氯乙醚	55	己胺	26.3	丙酸戊酯	41
乙腈	5.5	二甲基苯胺	62.8	己醛	32	丙烯酸丁酯	48.5
乙醇	11	氯异丙醚	85	己酮	35	乙醇	52
乙苯	15	二乙二醇乙醚	94	己酸	102	丙酐	73
乙基吗啡林	32	苯醚	115	天然汽油	−50	丙二醇	98.9
乙二胺	33.9	丁烯	−80	反二氯乙烯	6	石油醚	−50
乙酰乙酸乙酯	35	丁酮	−14	六氢吡啶	16	原油	−35
醋酸	38	丁胺	−12	六氢苯酸	68	石脑油	25.6
乙酰丙酮	10	丁烷	−10	火棉胶	17.7	甲乙醚	−37
乙撑氰醇	55	丁基氯	−6.6	煤油	18	甲酸甲酯	−32
乙基丁醇	58	丁醛	−16	水杨醛	90	甲基戊二烯	−27
乙二醇丁醚	73	丁烯酸乙酯	2.2	水杨酸甲酯	101	甲酸乙酯	−20
乙醇胺	85	丁烯醛	13	水杨酸乙酯	107	甲硫酸	−17.7
乙二醇	100	丁酸甲酯	14	巴豆醛	12.8	甲基丙烯醛	15
二硫化碳	45	丁醇醛	82.7	丙酸甲酯	−3	乙烯醚	−30
二乙胺	−26	异戊醛	39	苯甲醇	92	溴乙烷	25
二甲醇缩甲醛	−18	丁烯酸甲酯	< 20	氧化丙烯	−37	溴丙烯	1.5
二氯甲烷	−14	丁酸乙酯	25	壬烷	31	溴苯	65

续表

名称	闪点 ℃	名称	闪点 ℃	名称	闪点 ℃	名称	闪点 ℃
二甲二氯硅烷	−9	丁烯醇	34	壬醇	83.5	碳酸乙酯	25
二异丙胺	−6.6	丁醇	35	双甘醇	124	甲乙酮	14
二甲胺	−6.2	丁醚	39	丙醚	−26	甲基环己烷	4
二甲基呋喃	7	丁苯	52	丙基氯	17.8	甲酸正丙酯	3
二丙胺	7.2	丁酸异戊酯	62	丙烯醛	17.8	甲酸丙酯	3
甲基戊酮醇	8.8	丁酸	77	丙酮	−20	甲酸异丙酯	1
甲酸丁酯	17	冰醋酸	40	丙烯醚	7	甲苯	4
甲酸戊酯	22	吡啶	20	丙烯腈	5	甲基乙烯甲酮	6.6
甲基异戊酮	23	间二甲苯	25	酚	79	甲醇	7
甲酸	69	间甲酚	36	硝酸甲酯	13	甲酸异丁酯	8
甲基丙烯酸	76.7	辛烷	16	硝酸乙酯	1	醋酸甲酯	−13
戊烷	−12	环氧丙烷	−37	硝基丙烷	31	醋酸乙烯	−4
戊烯	−17.8	环己烷	6.3	硝基甲烷	35	醋酸乙酯	−4
戊酮	15.5	环己胺	32	硝基乙烷	41	醋酸醚	−3
戊醇	49	环氧氯丙烷	32	硝基苯	90	醋酸丙酯	20
对二甲苯	25	环己酮	40	氯乙烷	−43	醋酸丁酯	22.2
正丁烷	−60	邻甲苯胺	85	氯丙烯	−32	醋酸酐	40
正丙醇	22	松节油	32	氯丙烷	−17.7	樟脑油	47
四氢呋喃	−15	松香水	62	氯丁烷	−9	噻吩	1
四氢化萘	77	苯	−14	氯苯	27	糠醛	66
甘油	160	苯乙烯	38	氯乙醇	55	糠醇	76
异戊二烯	−42	苯甲醛	62	硫酸二甲酯	83	缩醛	−2.8
异丙苯	34	苯胺	71	氰氢酸	17.5	绿油	65

（三）点燃与着火点

点燃亦称强制着火，即可燃物质与明火直接接触引起燃烧，在火源移去后仍能保持继续燃烧的现象。物质被点燃后，先是局部（与明火接触处）被强烈加热，首先达到引燃温度，产生火焰，该局部燃烧产生的热量，足以把邻近部分加热到引燃温度，燃烧就得以蔓延开去。

　　在空气充足的条件下，可燃物质的蒸气和空气的混合物与火焰接触而能使燃烧持续 5s 以上的最低温度，称为燃点或着火点。对于闪点较低的液体来讲，其燃点只比闪点高 1～5℃，而且闪点越低，两者的差别越小。通常闪点较高的液体的燃点比其闪点约高 5～30℃，闪点在 100℃ 以上的可燃液体的燃点要高出其闪点 30℃ 以上，控制可燃液体的温度在其着火点以下是预防发生火灾的主要措施。

第二节　火灾基本特性

火灾的特性主要表现在类别、等级上，根据火灾特性，选取有效的方法能够控制火灾。

一、火灾的概念

火灾是指在时间或空间上失去控制的燃烧所造成的灾害。

二、火灾的分类

根据 GB/T 4968—2008《火灾分类》的规定，火灾一般分为六个不同类别：

（1）A 类火灾：固体物质火灾。这种物质通常具有有机物性质，一般在燃烧时能产生灼热的余烬。如木材、棉、毛、麻、纸张火灾等。

（2）B 类火灾：液体或可熔化的固体物质火灾，如汽油、煤油、柴油、原油、甲醇、乙醇、沥青、石蜡火灾等。

（3）C 类火灾：气体火灾，如煤气、天然气、甲烷、乙烷、丙烷、氢气火灾等。

（4）D 类火灾：金属火灾，如钾、钠、镁、钛、锆、锂、铝镁合金火灾等。

（5）E 类火灾：带电火灾，即物体带电燃烧的火灾。

（6）F 类火灾：烹饪器具内的烹饪物（如动植物油脂）火灾。

三、火灾等级

火灾等级分为特别重大火灾、重大火灾、较大火灾和一般火灾四个等级。

（1）特别重大火灾：造成 30 人以上死亡，或者 100 人以上重伤，或者 1 亿元以上直接财产损失的火灾。

（2）重大火灾：造成 10 人以上 30 人以下死亡，或者 50 人以上 100 人以下重伤，或者 5000 万元以上 1 亿元以下直接财产损失的火灾。

（3）较大火灾：造成 3 人以上 10 人以下死亡，或者 10 人以上 50 人以下重伤，或者 1000 万元以上 5000 万元以下直接财产损失的火灾。

（4）一般火灾：造成 3 人以下死亡，或者 10 人以下重伤，或者 1000 万元以下直接财产损失的火灾。

注："以上"包括本数，"以下"不包括本数。

四、灭火基本方法

根据物质燃烧的原理，燃烧必须同时具备三个条件：有可燃物质存在、有助燃物质存在、有能导致燃烧的能源即点火源的存在。对已经燃烧的过程，若消除其中任何一个条件，燃烧便会终止，这就是灭火的基本原理，可采用下列方法消除燃烧的基本条件。

（一）冷却灭火法

冷却灭火法是根据可燃物质发生燃烧时必须达到一定温度这个条件，将灭火剂直接喷洒在燃烧的物体上，使可燃物的温度降低到燃点以下，从而使燃烧停止。

在火场上，除了用冷却的方法直接扑灭火灾外，还经常用水冷却尚未燃烧的可燃物和建筑物、构筑物，以防止可燃物燃烧或建筑物、构筑物变形损坏，防止火势扩大。

（二）隔离灭火法

隔离灭火法是根据发生燃烧必须具备可燃物这一条件，将燃烧物与附近的可燃物隔离或疏散开，使燃烧停止。

采用隔离灭火法的具体措施很多，例如将火源附近的可燃物和助燃物移出燃烧区；关闭阀门，阻止可燃物（气体或液体）流入燃烧区；排除生产设备及容器内可燃物；阻拦流散的易燃、可燃液体或扩散的可燃气体；排除与火源相连的易燃建筑物，形成阻止火焰蔓延的空间地带。

（三）窒息灭火法

窒息灭火法是根据可燃物需要足够的助燃物质（如氧气）这一条件，采取阻止助燃气体（如空气）进入燃烧区的措施；或用惰性气体降低燃烧区的氧气含量，使燃烧物因缺乏助燃物而熄灭。

在火场上可以使用石棉布、湿棉被、湿帆布等不燃或难燃材料覆盖燃烧物或封闭孔洞；用水蒸气、二氧化碳、氮气等惰性气体充入燃烧区内；利用建筑物上原有的门、窗以及生产设备上的部件，封闭燃烧区，阻止新鲜空气进入。此外，在无法采用其他扑救办法而条件又允许的情况下（如燃烧物质不是遇水燃烧物），可以采用用水淹没的方法进行扑救。

采用窒息法灭火时应当注意，只有当燃烧区内无氧化剂存在，且燃烧部位较小，容易堵塞封闭时才能使用此法。在用惰性气体灭火时，一定要保证通入燃烧区内的惰性气体量充足以迅速降低空气中的氧含量。

采用窒息法灭火时，必须在确认火已经熄灭后，方可打开覆盖物或封闭的门、窗、孔、洞等，严防因过早打开封闭系统，使新鲜空气进入，造成复燃或爆炸。

（四）抑制灭火法

在近代的燃烧研究中，有一种叫连锁反应的理论。根据连锁反应理论，气态分子间的作用不是两个分子直接作用得出最后产物，而是活性分子自由基与另一分子起作用，结果产生新的自由基，新自由基参加反应，如此延续下去，形成一系列的连锁反应。抑制灭火法就是以灭火剂参与燃烧的连锁反应，并使燃烧过程中产生的自由基消失，形成稳定的分子或低活性的游离基，从而使连锁反应中断，使燃烧停止。

第三节　爆炸基本特性

爆炸是能量在短时间迅速释放的表现，不同的介质，爆炸的成因均不相同，影响的因素也各异，掌握这个影响因素，能够在一定程度上规避爆炸。

一、爆炸的概念

爆炸是指一种极为迅速的物理或化学的能量释放过程，在此过程中，系统的内在势能转变为机械功、光和热的辐射等。爆炸做功的根本原因，在于系统爆炸瞬间形成的高温、高压气体或蒸气的骤然膨胀。爆炸的一个最重要的特征是爆炸点周围介质中发生急剧的压力突变，而这种压力突跃变化是产生爆炸破坏作用的直接原因。

二、爆炸的成因

爆炸的成因主要分为物理爆炸和化学爆炸。

（一）物理爆炸

由物理变化、物理过程引起的爆炸称为物理爆炸。物理爆炸的能量主要来自于压缩能、相变能、运动能、流体能、热能和电能等。气体的非化学过程的过压爆炸，液相的气化爆炸，液化气体和过热液体的爆炸，溶解热，稀释热，吸附热，外来热引起的超压爆炸，流体运动引起的爆炸，过流爆炸以及放电区引起的空气爆炸等都属于物理爆炸。

（二）化学爆炸

物质发生高速放热化学反应，产生大量气体，并急剧膨胀做功而形成的爆炸现象称为化学爆炸。化学爆炸的能量主要来自于化学反应能。化学爆炸变化的过程和能力取决于反应的放热性、反应的快速性和生成的气体产物。

三、爆炸极限及其影响因素

各类物质并不是一旦燃烧就能产生爆炸，只有在一定的浓度范围内才可能产生爆炸，也就是在爆炸极限范围。

（一）爆炸极限

可燃气体、蒸气与空气的混合物，遇到火源后并不是在所有的浓度范围内都发生爆炸，而是有一个浓度范围，当可燃气体混合物的浓度高于某一浓度或低于某一浓度时，都不会发生爆炸。可燃气体、蒸气与空气或氧气的混合物遇火源能发生爆炸的最低浓度称为爆炸下限，发生爆炸的最高浓度称为爆炸上限。爆炸上限与下限之间的范围，称为爆炸极限范围。

（二）影响爆炸极限的因素

（1）初始温度。可燃气体混合物的初始温度越高，根据活化能理论，参加反应的分子的活性就越大，反应的速度就越快，反应时间缩短，放热速率加快，使爆炸下限降低，上限升高，爆炸极限范围增大，增加了火灾危险性。

（2）初始压力。压力对可燃气体混合物的爆炸极限有明显的影响。压力增大，一是可以降低气体混合物的自燃点，二是在高压下分子间距缩小，更易发生反应，加快了反应速度，因此爆炸上限明显升高，爆炸范围增大。在已知的可燃气体中，只有一氧化碳的爆炸极限范围随着压力的增大而减小。压力降低，爆炸极限范围会缩小，当压力降至一定数值时，爆炸的上限和下限可重合，气体混合物不会爆炸，此时的最低压力为临界压力。根据可燃物的临界压力，对于燃烧爆炸危险性特别大的物质的生产，在密闭容器内的负压条件下进行，对安全就是有利的。

（3）氧含量。当可燃气体的浓度为下限时，此时爆炸性混合物的体系内的氧含量是过量的，可燃物的浓度少，因此再增加体系的氧含量，对其爆炸下限影响不大；但当可燃气体的浓度在其上限时，爆炸性混合体系内的可燃气体的浓度充足，氧含量明显不足，此时增加体系内的氧含量，满足了体系爆炸对充足氧气的要求，因此使体系的爆炸上限明显增大，爆炸范围扩大。所以可燃气体混合物中含氧量增加，对爆炸下限的影响不大，爆炸上限显著增大。

（4）惰性气体含量。氮、二氧化碳、水蒸气、氩、氦、四氯化碳等惰性气体加入到爆炸性混合物中，就会使其爆炸范围缩小，惰性气体的浓度达到一定的数值时，可使混合物不发生爆炸。这是由于惰性气体加入到混合体系后，一是使可燃物分子与氧分子分离，在它们之间形成不燃的障碍层；二是惰性气体分子与活化中心作用，使连锁反应中断，降低了反应速度；三是加入的惰性分子吸收了已反应气体分子放出的热量，阻止了火焰向未反应分子的蔓延。惰性气体浓度的加大，对爆炸上限的影响更为显著。因为惰性气体浓度的加大，使体系中的氧含量更加不足，使爆炸上限明显下降。

水等杂质对气体反应的影响也很大。无水、干燥的氯气没有氧化性能；干燥的空气不能完全氧化钠、磷；干燥的氢、氧混合物在1000℃不会自行爆炸；痕量水会加速臭氧、氯氧化物等物质的分解；少量的硫化氢会大大降低水煤气与空气混合物的燃点并增加其爆炸危险性。

（5）容器的材质与大小。容器的材质和大小对气体混合物的爆炸极限均有影响，容器尺寸很小时影响更大，这主要是容器的器壁效应的原因。当气体分子在容器中进行链式反应时，随着管道直径的减小，自由基与管壁碰撞消失的概率增大，与反应分子碰撞的概率减小，降低了反应的速度，当管道尺寸减小到一定程度时，自由基与其壁碰撞消失的概率大于新自由基的生成，使反应不能再进行下去，火焰不能蔓延，燃烧停止。实验表明，容器管道的直径越小，其内可燃气体混合物的爆炸极限范围越小，当直径小到一定尺寸时，火焰便不能通过。火焰不能蔓延的最大通道尺寸，称为消焰距离。

（6）点火能量。点火源能量强度高，热表面积大，与混合物接触的时间长，都会使可燃气体混合物的爆炸极限范围扩大，增加其爆炸危险性。能引起一定浓度可燃物燃烧或爆炸所需的最小能量，称为可燃物的最小点火能量，或最小引燃能量。点火源的能量小于可燃物的最小点火能量，可燃物就不能着火爆炸。对于摩擦撞击火花、静电火花等，其释放能量是否大于可燃物的最小点火能量，是判断其是否能成为点火源引发火灾爆炸事故的一个重要条件。

四、常见爆炸及其特性

在钻探作业现场可能发生的爆炸主要有爆炸性混合物的爆炸、雾滴爆炸和粉尘爆炸，它们各具特点。

（一）爆炸性混合物的爆炸

在化工生产过程中，发生的爆炸事故大多是爆炸性气体混合物的爆炸。可燃气体或蒸气与空气或氧气混合物的浓度达到爆炸极限范围，遇火源发生的爆炸称为爆炸性混合物的爆炸。可燃性气体或蒸气从工艺装置、设备管线、阀门等泄漏出来，或者是空气进入可燃气体存在的设备管线内，遇到火源即可发生爆炸事故。可燃液体、液化气体从储罐和设备管道内泄漏、喷出后形成的蒸气，比空气轻的漂浮于上方，比空气重的滞留于地面、低洼阴井处，并可随风漂移与空气形成爆炸性混合物，遇到火源即可发生爆炸。

（二）雾滴爆炸

可燃性液体雾滴与助燃性气体形成爆炸性混合系引起的爆炸为喷雾爆炸。控制条件下的油雾按燃料气化性能与油滴尺寸大小，可能有以下 3 种方式：

（1）当燃料易于气化、油滴直径小于 10 ~ 30μm 且环境温度较高时，燃料基本上按气相预混可燃混合物的方式进行燃烧。

（2）当燃料气化性能较差、油滴直径又较大时，燃烧按边气化边燃烧的方式，各油滴之间的火焰传播将连成一片。

（3）当油滴直径大于 10μm 且空气供应比较充足时，在各油滴周围形成各自的火焰前锋，整个燃烧区由许多小火焰组成。化工生产过程化工装置中液相或含液混合系由于装备破裂、密封失效、喷射、排空、泄压等过程都会形成可燃性混合雾滴，液体雾化、热液闪蒸、气体骤冷等过程也可以形成液相分散雾滴。喷雾爆炸需要比气体混合系爆炸更大的引燃能量，较小的雾滴只需要较小的引燃能量。

（三）粉尘爆炸

粉尘与空气混合可以形成爆炸混合系。粉尘由于密度不同，在空气中悬浮的条件也不同。粉尘爆炸是由于粉尘在助燃性气体中被点燃，其粒子表面快速气化（燃烧）的结果。粉尘爆炸的历程：

（1）粒子表面受热后表面温度上升被热解。

（2）粒子表面的分子发生热分解或干馏，在粒子周围产生气体。

（3）气体混合物被点燃产生火焰并传播。

（4）火焰产生的热量进一步促进粉尘分解，继续放出气体，使燃烧持续下去。

粉尘爆炸不同于可燃气体混合系的爆炸，它具有某些特殊性质：

（1）粉尘爆炸往往不是发生在一个均匀的气相混合系，这一点和可燃气体混合系不同。一旦被点燃爆炸，由于爆炸冲击波的作用，散落、沉积的粉尘形成新的混合系，使爆炸可能持续下去，因此粉尘爆炸往往不是一次完成的。

（2）引燃后燃烧热以辐射热的形式进行传递。燃烧速度及爆炸压力虽比气体爆炸小，但是持续时间长，产生的能量大，所以破坏力及烧毁程度也大。粉尘爆炸时首先在局部空间形成一个爆压，紧接着可能形成火焰，火焰初始速度大约为 2 ~ 3m/s，因燃烧粉尘的膨胀，继而压力上升，其速度以加速度增加。

粉尘爆炸所产生的压力是随着粉尘浓度的变化而变化的，影响粉尘爆炸压力的因素很多，如粉尘的化学成分、颗粒大小和温度、热源的温度、爆炸空间的容积等。

（3）爆炸粒子一面燃烧一面飞散，受其作用的可燃物产生局部严重炭化，特别是碰到人体，燃烧的炽热颗粒或碳化物会造成严重的烧伤。

（4）粉尘爆炸总是在缺氧的状态下发生，因此爆炸过程往往伴随有一氧化碳的中毒。

（5）由于粉尘的沉积性、堆积性的特点，粉尘着火时要避免采用气流喷射式的灭火设施，否则粉尘在扑火气流的作用下飞散悬浮会形成新的混合系。

（6）粉尘与空气的接触面积由于粒径、形状以及密度的不同差异很大，几乎不可能得到一定浓度条件下的爆炸极限值，即使在下限浓度，也可能产生不完全燃烧。

第四节　常用消防设施基础知识

在生产作业现场，配备齐全、有效的消防设施能够避免或减轻火灾。本节主要介绍了现场常用的几种消防设施。

一、灭火的常用介质

不同的灭火介质对应一定的灭火原理，介质可能与灭火对象混合，或产生化学反应，或腐蚀灭火对象，在选取时要综合考虑。

（一）水和水蒸气

水是常用的灭火介质，它资源丰富，取用方便。水的热容量大，1kg 水温度升高 1℃，需要 1kcal 的热量；1kg 100℃的水汽化成水蒸气则需要吸收 539cal 的热量。因此水能从燃烧物中吸收很多的热量，使燃烧物的温度迅速下降，以致使燃烧终止。水在受热汽化时，体积增大 1700 多倍，当大量的水蒸气笼罩于燃烧物的周围时，可以阻止空气进入燃烧区，从而大大减少氧的含量，使燃烧因缺氧而窒息熄灭。在用水灭火时，加压水流能喷射到较远的地方，具有较大的冲击作用，能冲过燃烧表面而进入内部，从而使未着火的部分与燃烧区隔离开来，防止燃烧物继续分解并熄灭。

水能稀释或冲淡某些液体或气体，降低燃烧强度。水能浸湿未燃烧的物质，使之难以燃烧。水还能吸收某些气体、蒸气和烟雾，有助于灭火。

（二）泡沫灭火剂

泡沫灭火剂是扑救可燃液体的有效灭火剂，它主要是在液体表面生成凝聚的泡沫漂浮层，起窒息和冷却作用。

（三）二氧化碳灭火剂

二氧化碳在通常状态下是无色无味的气体，相对密度为 1.529，比空气重，不燃烧也不助燃。经过压缩液化的二氧化碳灌入钢瓶内，制成二氧化碳灭火剂（MT）。从钢瓶里喷射出来的固体二氧化碳（干冰）温度可达 −78.5℃，干冰气化后，二氧化碳气体覆盖在燃烧区内，除了窒息作用之外，还有一定的冷却作用，使火焰熄灭。

（四）干粉灭火剂

干粉灭火剂（MF）的主要成分是碳酸氢钠和少量的防潮剂硬脂酸镁及滑石粉等。用干燥的二氧化碳或氮气作动力，将干粉从容器中喷出，形成粉雾喷射到燃烧区，干粉中的碳酸氢钠受高温作用发生分解，放出大量二氧化碳和水，水受热变成水蒸气并吸收大量的热能，起到一定的冷却和稀释可燃气体的作用。

（五）酸碱灭火剂

酸碱灭火剂也叫水型灭火剂（MS），它是用碳酸氢钠与硫酸相互作用，生成二氧化碳和水。这种水型灭火剂用来扑救非忌水物质的火灾，它在低温下易结冰，天气寒冷的地区不适合使用。

二、各类介质适用范围

灭火对象的理化特性和防护要求不同，需要确定适合的灭火介质。

（1）不能用水扑灭下列物质和设备的火灾：

①密度小于水和不溶于水的易燃液体，如汽油、煤油、柴油等油品（密度大于水的可燃液体，如二硫化碳，可以用喷雾水扑救，或用水封阻止火势的蔓延）。

苯类、醇类、醚类、酮类、酯类及丙烯腈等大容量储罐，如用水扑救，则水会沉在液体下层，被加热后会引起爆沸，形成可燃液体的飞溅和溢流，使火势扩大。

②遇水燃烧物不能用水或含水的泡沫液灭火，而应用沙土灭火，如金属钾、钠及碳化钙等。

③盐酸和硝酸不能用强大的水流冲击。因为强大的水流能使酸飞溅，流出后遇可燃物质，有引起爆炸的危险。酸溅在人身上，能烧伤人。

④电气火灾未切断电源前不能用水扑救。因为水是良导体，容易造成触电。

⑤高温状态下的化工设备不能用水扑救，防止遇冷水后骤冷引起变形或爆炸。

（2）二氧化碳不含水、不导电，可以用来扑灭精密仪器和一般电气火灾，以及一些不能用水扑灭的火灾。但不宜用来扑灭金属钾、钠、镁、铝等及金属过氧化物（如过氧化钾、过氧化钠）、有机过氧化物、氯酸盐、硝酸盐、高锰酸盐、亚硝酸盐、重铬酸盐等氧化剂的火灾。

（3）各类灭火介质适用范围具体见表1-3。

表 1-3 各类灭火介质适用范围

灭火介质			火灾种类				
			木材等一般火灾	可燃液体火灾		带电设备火灾	金属火灾
				非水溶性	水溶性		
液体	水	直流	○	×	×	×	×
		喷雾	○	△	○	○	△
	水溶液	直流（加强化剂）	○	×	×	×	×
		水加表面活性剂	○	△	△	×	×
		水加增黏剂	○	×	×	×	×
		水胶	○	×	×	×	×
		喷雾（加强化剂）	○	○	○	×	×
		酸碱灭火剂	○	×	×	×	×
	泡沫	化学泡沫	○	○	△	×	×
		蛋白泡沫	○	○	×	×	×
		氟蛋白泡沫	○	○	×	×	×
		水成膜泡沫（轻水）	○	○	×	×	×
		合成泡沫	○	○	×	×	×
		抗溶泡沫	○	△	○	×	×
		高、中倍数泡沫	○	○	×	×	×
	特殊液体（7150 灭火剂）		×	×	×	×	○
气体	不燃气体	二氧化碳	△	○	○	○	×
		氮气	△	○	○	○	×
固体	干粉	钠盐、钾盐、Monnex 干粉	△	○	○	○	×
		磷酸盐干粉	○	○	○	○	×
		氯化钠、氯化钡、碳酸钠等为基料的干粉	×	×	×	×	○
	烟雾灭火剂		×	○	×	×	×

注：○—适用；△——般不用；×—不适用。

三、灭火器

灭火器是一种借助驱动压力，可将其内部所充装的灭火介质喷出以扑灭火灾，主要用于扑灭初期火灾，具有轻便、易存的特点。

（一）灭火器的分类

（1）按其移动方式可分为：手提式和推车式。

（2）按驱动灭火剂的动力来源可分为：储气瓶式和储压式。

（3）按所充装的灭火剂可分为：干粉、二氧化碳灭火器、洁净气体灭火器等。

（4）按灭火类型分为：A 类灭火器、B 类灭火器、C 类灭火器、D 类灭火器、E 类灭火器等。

（二）灭火器型号与标识

各类灭火器的型号是按照 GN11—1982《消防产品型号编制方法》编制的。由类、组、特征代号及主要参数几部分组成，消防产品型号编制方法如图 1-1 所示。

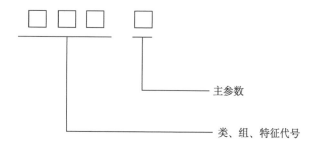

图 1-1　消防产品型号编制方法

类、组、特征代号用大写汉语拼音字母表示，一般编写在型号首位，是灭火器本身的代号。通常用"M"表示。

灭火剂代号编在型号第二位：S—清水或带添加剂的水、P—泡沫灭火剂、L—四氯化碳灭火剂、F—干粉灭火剂、T—二氧化碳灭火剂、J—洁净气体灭火剂。

特征代号编在型号中的第三位：目前我国灭火器的结构特征有手提式（包括手轮式，一般不用代号）、推车式（T）、鸭嘴式（Z）、舟车式（Z）、背负式（B）五种。

主参数用阿拉伯数字代表灭火剂质量或溶剂，一般单位为 kg 或 L。

手提式灭火器和推车式灭火器的型号编制方法如图 1-2 和图 1-3 所示。

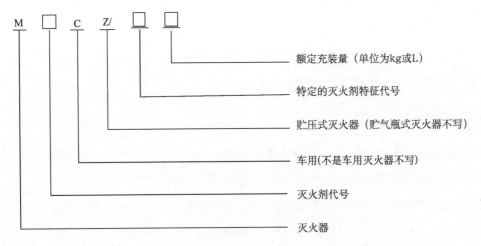

图 1-2　手提式灭火器的型号编制方法

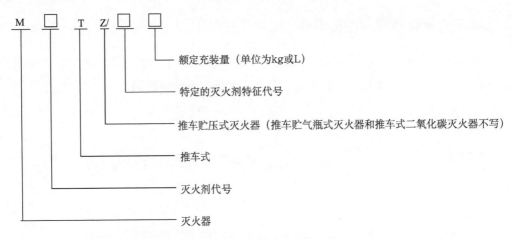

图 1-3　推车式灭火器的型号编制方法

（三）灭火器构造

1.手提式储压式灭火器

手提式储压式灭火器主要由筒体、器头阀体、喷（头）管、保险销、灭火剂、驱动气体（一般为氮气，与灭火剂一起充装在灭火器筒体内，额定压力一般在 1.2～1.5MPa）、压力表以及铭牌等组成。在待用状态下，灭火器内驱动气体的压力通过压力表显示出来，以便于判断灭火器是否失效。手提式储压式灭火器结构如图 1-4 所示。

2.手提式二氧化碳灭火器

手提式二氧化碳灭火器结构与手提式储压式灭火器结构相似，只是充装压力较高，一般在5.0MPa左右，取消了压力表，增加了安全阀帽。判断二氧化碳灭火器失效一般采用称重法，低于额定充装量的95%应进行检修。手提式二氧化碳灭火器结构如图1-5所示。

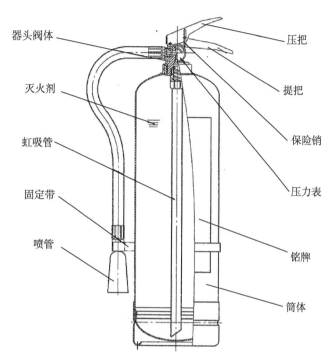

图1-4　手提式储压式灭火器结构图

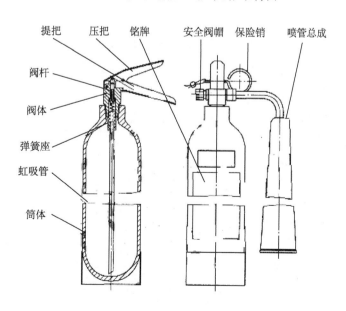

图1-5　手提式二氧化碳灭火器结构图

3. 推车式灭火器

推车式灭火器主要由灭火器筒体、阀门机构（或保险销）、喷管、喷枪、车架、灭火剂、驱动气体（一般为氮气，与灭火剂一起充装在灭火器筒体内，额定压力一般在 1.2 ~ 1.5MPa）、压力表以及铭牌等组成。推车式灭火器一般由 2 个人操作。推车式灭火器结构如图 1-6 所示。

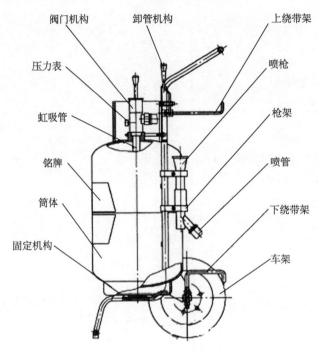

图 1-6　推车式灭火器结构图

（四）常用灭火器简介

灭火器	充装介质	适用对象	注意事项
干粉灭火器	碳酸氢钠和少量的防潮剂硬脂酸镁及滑石粉等	可扑灭一般可燃固体火灾，还可扑灭油、气等燃烧引起的火灾。主要用于扑救石油、有机溶剂等易燃液体、可燃气体和电气设备的初期火灾	灭火时会刺激呼吸道，使用后必须通风
二氧化灭火器	压缩液化的二氧化碳	扑救贵重设备、档案资料、仪器仪表、600V 以下电气设备及油类的初期火灾	气体有窒息性，使用后必须通风以防窒息；使用时，可能造成手部冻伤
洁净气体灭火器	洁净气体	扑救可燃液体、可燃气体和可融化的固体物质以及带电设备的初期火灾	

四、消火栓系统

消火栓系统是扑救、控制初期火灾的最有效的灭火设施，是以水为介质，用于灭火、控火和冷却防护等功能的消防系统。本书所提的消火栓系统指的是钻井作业现场的消防栓、水带、水枪。

（一）消防栓

消防栓安装于生产水罐处，专门用于灭火取水的装置，如图1-7和图1-8所示。

图 1-7 水罐安装的消防栓

图 1-8 消防栓

（二）消防水带

消防水带按材料可分为有衬里消防水带和无衬里消防水带两种。无衬里消防水带承受压力低、阻力大、容易漏水、易霉腐、寿命短；有衬里消防水带承受压力高、耐磨损、耐霉腐、不易渗漏、阻力小，经久耐用，也可任意弯曲折叠，随意搬动，使用方便。消防水带如图1-9所示。

图 1-9 消防水带

（三）消防水枪

消防水枪是灭火的射水工具，用其与水带连接会喷射密集充实的水流，具有射程远、水量大等优点。它由管牙接口、枪体和喷嘴等主要零部件组成。消防水枪按照喷水方式有三种基本型式：直流水枪、喷雾水枪和多用途水枪，如图1-10所示。

图1-10　消防水枪

（四）水带接口

水带接口用于消防水带、消防车、消防栓、消防水枪之间的连接，以便输送水和泡沫混合液进行灭火。它由本体、密封圈座、橡胶密封圈和挡圈等零部件组成，密封圈座上有沟槽，用于扎水带，具有密封性好、连接快、省力、不易脱落等特点。水带接口如图1-11所示。

图1-11　水带接口

（五）管牙接口

管牙接口用于连接水带。装在水枪进水口端，内螺纹固定接口装在消火栓、消防水泵等出水口处；它们都由本体和密封圈组成，一端为管螺纹，一端为内扣式。管牙接口如图1-12所示。

图1-12　管牙接口

五、消防破拆工具

消防破拆工具包括消防斧、切割工具等。钻井队主要配备的消防斧，是一种清理着火或易燃材料、切断火势蔓延的工具，还可以劈开被烧变形的门窗，解救被困的人。消防斧如图1-13所示，消防斧的型号编制方法如图1-14所示。

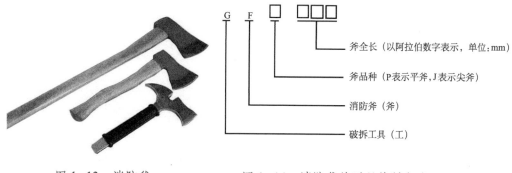

图1-13　消防斧　　　　　图1-14　消防斧的型号编制方法

六、火灾监控设施

钻井作业现场的火灾监控设施主要为野营房安装的点型感烟火灾探测器。点型感烟探测器是以烟雾为主要探测对象，适用于火灾初期有阴燃阶段的场所。感烟火灾探测器是一种响应燃烧或热解产生的固体微粒的火灾探测器。根据烟雾粒子可以直接或间接改变某些物理量的性质或强弱，感烟探测器又可分为离子型、光电型、激光型、电容型半导体型等几种类型。点型感烟火灾探测器如图1-15所示。

图 1-15 点型感烟火灾探测器

七、消防应急照明和安全疏散引导设施

消防应急照明和安全疏散引导设施主要功能是发生火灾时，为人员疏散、逃生和灭火救援行动提供照明及方向指示，由消防应急照明灯具和消防应急标志等构成。

钻井现场一般配备消防应急照明灯具。应急灯如图 1-16 所示。

图 1-16 应急灯

八、其他消防器材

主要指钻井作业现场必须配备但不常用的器材。

（一）消防钩

消防钩的作用是利用前端的铁钩扒掘开燃烧物、障碍物、覆盖物等，以便于灭火。消防钩如图 1-17 所示。

（二）消防锹

消防锹主要用于铲洒消防沙、清除障碍物、清理现场及易燃物等。消防锹如图 1-18 所示。

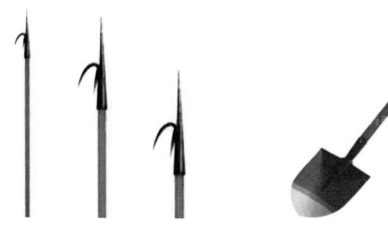

图 1-17　消防钩　　　　　　　　图 1-18　消防锹

（三）消防桶

消防桶是扑救火灾时，用于盛装黄沙，扑灭油脂、镁粉等燃烧物；也可用于盛水，扑灭一般物质的初期火灾。消防桶如图 1-19 所示。

图 1-19　消防桶

（四）灭火毯

灭火毯或称消防被、灭火被、防火毯、消防毯、阻燃毯、逃生毯，是由玻璃纤维等材料经过特殊处理编织而成的织物，能起到隔离热源及火焰的作用，可用于扑灭初期火或者披覆在身上逃生。

灭火毯按基材可分为：纯棉灭火毯、石棉灭火毯、玻璃纤维灭火毯、高硅氧灭火毯、碳素纤维灭火毯、陶瓷纤维灭火毯等。钻井现场一般使用石棉灭火毯。灭火毯如图1-20所示。

图 1-20　灭火毯

（五）消防沙

消防沙主要用于扑灭油类着火。

第二章

钻井现场防火防爆风险区

钻井作业中，地层油气失控外溢、动火作业、使用的物料以及日常生活中，都可能引发火灾爆炸，在作业现场布局时，应根据国家相关标准，结合地形环境、风向条件、生产施工等因素，明确现场防火防爆危险区域和范围，综合考虑防火防爆间距、设备设施选用以及制定相关措施。

第一节　作业现场火灾爆炸危险源

可燃物的存在是火灾发生的根本原因，没有可燃物质就不会发生火灾。本节将生产作业现场易引发火灾爆炸的物料产生进行溯源，从生产工艺、现场作业、原材料使用等方面识别火灾爆炸物料源和起源。

一、常见火灾爆炸起源

钻井现场引发火灾爆炸一般有机械火花、化学火源、电火花、热火源四种，表2-1列举了作业现场常见火灾爆炸起源。

表2-1　作业现场常见火灾爆炸起源

类型	起因	起源
机械火源	敲击、撞击、摩擦产生火花	作业现场金属敲击；设备振动撞击等
化学火源	明火、化学反应热	吸烟、焊切割动火作业、喷灯用火、焚烧物体、柴油机排气筒喷出火星、现场车辆排气管火星等
电火源	电火花、静电火花、雷电	电气线路故障产生电火花、电器元件动作时的电火花、临时用电带来的隐患
热火源	高温热表面、日光照射聚焦	现场燃烧物体产生的热源、解冻烘烤物件、无防护措施下的太阳直射等

二、火灾爆炸物料源

引发火灾爆炸的物料主要包括生产过程中使用的原材料，生产工艺过程中产生的物料，场所环境中存在的物料以及不确定的动态物料。

（一）涉及的原材料

在作业中，需要使用的原材料种类较多，其中涉及可燃、易燃或易爆物料，有些还是危险化学品。这些物料在一定的条件下，都可能成为引发火灾、爆炸的危险源。表 2-2 列出了钻井作业现场常用物料。

表 2-2　钻井作业现场常用物料

物料	存在的区域	理化性质及危险特性
柴油	柴油罐	轻于水，闪点 < 60℃，可燃液体，遇明火、高热或与氧化剂接触，有引起燃烧爆炸的危险
汽油	库房	轻于水，闪点 < 37.8℃，易燃液体，遇明火、高热或与氧化剂接触，有引起燃烧爆炸的危险。其蒸气比空气重，能在较低处扩散到相当远的地方，遇明火会引着回燃，从而引起大面积、灾难性的爆炸或火灾事故
润滑油	油料房	闪点 120 ~ 340℃，可燃液体，遇明火、高温可燃
油漆	库房	现场使用的硝基磁漆、易燃调和漆、防锈漆、可燃液体、遇明火、高热可引起燃烧爆炸
乙醇（酒精）	库房	轻于水，闪点 12℃，易燃液体，与空气混合能形成爆炸性混合物，遇作业现场机械火源、明火、电火花等都能引起火灾、爆炸
乙炔	库房	轻于空气，爆炸极限 2.1% ~ 80%，闪点 < -32℃，极易燃，与空气混合能形成爆炸性混合物，遇作业现场机械火源、明火、电火花等都能引起火灾、爆炸

注：日常生活用品、生产用棉纱等可燃物都未在考虑之列，如果作业现场有专用库房存放这类可燃物且数量较大时，可作为危险源。

（二）涉及的工艺

钻井主要施工工艺为：一开—下套管—固井—安装封井器—二开—钻进—起下钻—电测—下套管—固井—三开……。

打开油气层后，施工过程中，可能因油气侵、溢流、井涌或井喷等险情带至地面，或在处理井控险情时的放喷等带出地面，控制不当，会成为火灾或爆炸危险源。表 2-3 列出了产中产生的物料。

表 2-3 生产中产生的物料

物料	存在的区域	理化性质及危险特性
硫化氢	作业现场，尤其是钻台底座、固控区域（钻井液罐、振动筛、除砂器、除泥器等附近容易聚集），随着风向，可能覆盖更远	重于空气，爆炸极限 4.3%～45.5%，闪点＜-50℃，易燃，与空气混合能形成爆炸性混合物，遇作业现场机械火源、明火、电火花等能引起火灾、爆炸
一氧化碳	作业现场，尤其是钻台底座、固控区域（钻井液罐、振动筛、除砂器、除泥器等附近容易聚集），随着风向，可能覆盖更远	轻于空气，爆炸极限 12.5%～74.2%，闪点＜-50℃，极易燃，与空气混合能形成爆炸性混合物，遇作业现场机械火源、明火、电火花等都能引起火灾、爆炸
天然气（富含甲烷等）	作业现场，尤其是钻台底座、固控区域（钻井液罐、振动筛、除砂器、除泥器等附近容易聚集），随着风向，可能覆盖更远	轻于空气，爆炸极限 5.3%～15%，闪点＜-51℃，易燃，与空气混合能形成爆炸性混合物，遇作业现场机械火源、明火、电火花等都能引起火灾、爆炸
原油	作业现场，尤其是钻台底座、固控区域（钻井液罐、振动筛等）	闪点≤32.2℃，一级易燃液体，与空气混合能形成爆炸性混合物，遇作业现场机械火源、明火、电火花等都能引起火灾、爆炸。其蒸气比空气重，能在较低处扩散到相当远的地方，遇明火会引着回燃，从而引起大面积、灾难性的爆炸或火灾事故

（三）涉及的环境

井场、营地周边的森林、草原地带。

（四）其他动态源

（1）拉运柴油的车辆。

（2）配置钻井液用原油。

（3）其他临时用料。

第二节　现场防火风险区域划分

火灾和爆炸往往同时会发生，但引发火灾，不一定会引发爆炸，本节主要对引发火灾的风险进行了分类，参考了现行的一些标准规范，对防火风险区域进行划分，对防爆区域，将在本书后面章节中根据相关规范准则详细阐述。

一、火灾危险性分类

目前，石油行业对钻井作业现场火灾危险性没有明确的分类标准和分类规范，在GB 50183—2015《石油天然气工程设计防火规范》中仅仅对石油产品火灾危险性进行了划分，对整个钻井现场火灾危险性分类意义有限。在 GB 50016—2006《建筑设计防火规范》中相对较为全面，根据规范，现场物品火灾危险性分类见表 2-4。

表 2-4　现场物品火灾危险性分类

类型	火灾危险性特征	现场物品
甲	闪点小于 28℃ 的液体； 爆炸下限小于 10% 的气体，以及受到水或空气中水蒸气的作用，能产生爆炸下限小于 10% 气体的固体物质； 常温下能自行分解或在空气中氧化能导致迅速自燃或爆炸的物质； 常温下受到水或空气中水蒸气的作用，能产生可燃气体并引起燃烧或爆炸的物质； 遇酸、受热、撞击、摩擦以及遇有机物或硫磺等易燃的无机物，极易引起燃烧或爆炸的强氧化剂； 受撞击、摩擦或与氧化剂、有机物接触时能引起燃烧或爆炸的物质	汽油、乙醇、乙炔、硫化氢、一氧化碳、原油、天然气
乙	闪点大于或等于 28℃，且小于 60℃ 的液体； 爆炸下限大于或等于 10% 的气体； 不属于甲类的氧化剂； 不属于甲类的化学易燃危险固体； 助燃气体； 常温下与空气接触能缓慢氧化，积热不散引起自燃的物品	柴油
丙	闪点大于或等于 60℃ 的液体； 可燃固体	润滑油、油漆
丁	难燃烧物品	……
戊	不燃烧物品	……

注："……"表示难燃烧物品和不燃烧物品不在讨论范围内，未进行罗列。

二、防火风险区域划分

参考"危险化学品的危险等级标准表",将火灾风险危险等级分为高、中、低。一般来说,甲类对应高风险区,乙类对应中风险区,丙类对应轻风险区,但区域划分还应考虑存放的形式、数量,提高或降低风险等级,同时参照 SY/T 5225—2012《石油天然气钻井、开发、储运防火防爆安全生产技术规程》以及井控管理规范的相关规定。

(1) 对可能存在硫化氢、一氧化碳、天然气的井口 30m 范围内,划分为防火高风险区域。若出现井控险情,则全井场构成了防火高风险区,并扩大范围监测,井口、固控设备区、钻井液罐(池)区进行防火风险升级,作为高风险区。

(2) 采用原油配置钻井液时,整个配浆区域、固控区域、钻井液罐(池)区域全部构成防火高风险区域。

(3) 存放汽油、乙醇、乙炔的库房因现场存量较少,且一般采用密闭容器储存,划分为防火中风险区域。

(4) 对动火作业现场使用的乙炔周围 10m 范围内,划分为防火中风险区。

(5) 柴油油罐区 20m 范围内划分为防火中风险区域;拉运柴油的车辆在卸油时,其周围 20m 范围区域划分为防火中风险区域;停放时,则划分为防火轻风险区域。

(6) 机房区域使用的燃油为柴油,划分为防火中风险区域。

(7) 动火作业产生的电焊火花或焊渣飞溅、洒落在可燃物上,可能引发火灾爆炸,将动作作业点周围 10m 以及其整个下方区域,划分为防火中风险区域。

(8) 储存各类润滑油、油漆的库房,划分为防火轻风险区域。

综合上述防火风险区域划分,归类见表 2-5。

表 2-5 防火风险区域

区域等级	现场区域
高风险区	1. 井口 30m 范围内。 2. 出现井控险情时,则全井场所有区域。 3. 采用原油配置钻井液时,整个配浆区域、固控区域、钻井液罐(池)区域
中风险区	1. 存放汽油、乙醇、乙炔的库房。 2. 正在使用的乙炔周围 10m 范围区域。 3. 柴油油罐区 20m 范围区域。 4. 拉运柴油的车辆在卸油时,其周围 20m 范围区域。 5. 机房区域。 6. 动火作业点周围 10m 以及其整个下方区域
轻风险区	1. 停放的柴油罐车周围。 2. 储存各类润滑油、油漆的库房

第三节　现场防爆风险区域划分

一、防爆风险区域划分规则

目前，现场采用防爆设备增强本质安全，在一定程度和范围内能够有效地预防火灾爆炸，对电气设备安装防爆区域的划分，IEC 和 API 各有自己的相关标准和推荐作法，IEC 防爆标准主要针对电气行业防爆设备的标准和防爆区域的划分，API 电气设备安装区域划分标准主要是针对石油行业作业现场。本节，对在我国较为常用的有 SY/T 10041—2012《石油设施电气设备安装一级一类和二类区域划分的推荐作法》、SY/T 6671—2006《石油设施电气设备安装区域一级、0 区、1 区和 2 区区域划分推荐作法》、GB 50058—2014《爆炸危险环境电力装置设计规范》三种标准（作法）进行一一介绍，并进行比对。

（一）SY/T 10041—2012《石油设施电气设备安装一级一类和二类区域划分的推荐作法》

中国石油在 2002 年，全面引用 API 标准，起草了 SY/T 10041—2002《石油设施电气设备安装一级一类和二类区域划分的推荐作法》，后于 2012 年进行了修订。在 SY/T 10041—2012 中，将防爆区域划分为一级一类和一级二类，见表 2-6。

表 2-6　SY/T 10041—2012 危险区域划分

类别	危险环境
一级一类	1. 在正常操作条件下，易燃气体或油蒸气达到可点燃浓度的区域。 2. 由于修理、维护工作或泄漏等原因，而经常存在易燃气体或油蒸气达到可点燃浓度的区域。 3. 由于设备或流程的中断或运行故障，可能释放出危险浓度的易燃气体或油蒸气，并且也可能导致发生电气设备故障而变成引燃源的区域
一级二类	1. 处理、加工或使用挥发性的易燃液体或易燃气体的区域，但是这些液体、蒸气或气体在正常情况下是被限制在密闭系统里。 2. 由于采用正压通风，因而在正常情况下防止了天然气或油蒸气达到可燃浓度的区域。 3. 与一级一类区域相邻并且气体或油蒸气可能偶然聚集到可点燃浓度的区域，除非这种聚集能够通过一个清洁空气源以足够的通风来避免，并且备有防止失效的有效防护装置

（二）SY/T 6671—2006《石油设施电气设备安装区域一级、0 区、1 区和 2 区区域划分推荐作法》

在 SY/T 6671—2006《石油设施电气设备安装区域一级、0 区、1 区和 2 区区域划分推荐作法》中将防爆区域划分为一级 0 区、一级 1 区、一级 2 区，见表 2-7。

表 2-7　SY/T 6671—2006 危险区域划分

区域	危险环境
一级 0 区	1. 可引燃浓度的易燃气体或蒸气持续存在。 2. 可引燃浓度的易燃气体或蒸气长时间存在
一级 1 区	1. 可引燃浓度的易燃气体或蒸气在正常操作的条件下可能存在。 2. 可引燃浓度的易燃气体或蒸气因为修理或维护等原因，会释放并经常存在。 3. 设备在操作或进行处理作业时，设备的故障或误操作会导致达到引燃浓度的易燃气体或蒸气释放，同时，也会导致电气设备以某种形式失效并成为引燃源。 4. 毗邻一级 0 区，如果没有来自于清洁空气的正压通风和提供了可以有效防止通风失效的防范，0 区内可引燃浓度的蒸气会扩散过来
一级 2 区	1. 可引燃浓度的易燃气体或蒸气在正常操作的条件下不可能存在，如果确实出现，也只存在一个非常短的时间。 2. 对挥发性易燃液体、易燃气体或蒸气进行运送、处理或使用的区域。但是在正常情况下，这些液体、气体或蒸气是被封闭在密闭系统中的密闭容器内，只有当容器或系统事故性破裂或发生故障时，或对液体或气体进行运送、处理、使用的设备在非正常操作的条件下才会逸出。 3. 正常情况下，会因为机械式正压通风使得易燃气体或蒸气不会达到可引燃的浓度，但是通风设备的失效或这些设备的不正常操作会使情况变得危险。 4. 毗邻一级 0 区，如果没有来自于清洁空气的正压通风和提供了可以有效防止通风失效的防范，0 区内可引燃浓度的蒸气会扩散过来

（三）GB 50058—2014《爆炸危险环境电力装置设计规范》

我国在制定 GB 50058—2014《爆炸危险环境电力装置设计规范》时，遵照 IEC 标准，参考 API RP 505：2002《石油设施电气设备安装区域一级、0 区、1 区和 2 区区域划分推荐作法》，根据爆炸性气体混合物出现的频繁程度和持续时间划分为 0 区、1 区、2 区、20 区、21 区、22 区，见表 2-8。

表 2-8　GB 50058-2014 危险区域划分

区域	危险环境
0 区	连续出现或长期出现爆炸性气体混合物的环境

续表

区域	危险环境
1 区	在正常运行时可能出现爆炸性气体混合物的环境
2 区	在正常运行时不可能出现爆炸性气体混合物的环境，或即使出现也仅是短时存在的爆炸性气体混合物的环境

注：因钻井作业现场不涉及可燃性粉尘云，在此不做罗列和阐述。

二、三种标准（作法）对应关系

比对三种标准（作法），三者具有一定的对应关系，划分标准基本上都是取决于易燃气体或蒸气出现的可能性，目的都在于为危险环境下电气设备的安装与选择提供指南，见表 2-9。

表 2-9　标准（作法）比对表

SY/T 6671—2006	GB 50058—2014	SY/T 10041—2012
一级 0 区 （持续、长时间存在）	0 区 （连续、长时间存在）	一级一类 （连续、故障时可能出现）
一级 1 区 （可能存在）	1 区 （可能出现）	
一级 2 区 （偶然、非正常情况、短时间出现）	2 区 （短时间出现）	一级二类 （偶然出现）

三、现场防爆风险区域划分

为能够准确、清晰地阐述石油钻探行业作业现场火灾爆炸危险区域，本书主要执行 SY/T 6671—2006《石油设施电气设备安装区域一级、0 区、1 区和 2 区区域划分推荐作法》对陆地作业的钻井作业电气防爆区域进行划分。

（一）钻台和井架底座防爆区域划分

（1）如果井架没有封闭或装设"防风墙"，且底座区域通风充分，则通风不充分的井口方井、低于地面的沟槽、防淋伞喇叭口中心 1.5m 范围内，为一级 1 区；喇叭口中心 1.5～3m 区域、方井及地面沟槽以上 1.5m 区域、井筒 3m 范围内，为一级 2 区。井架底座通风充分、井架为非封闭区域划分如图 2-1 所示。

图 2-1 至图 2-9 的图例如下：

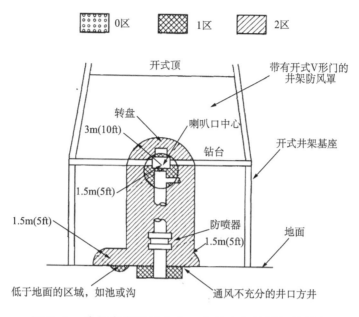

图 2-1 井架底座通风充分、井架为非封闭区域划分

（2）如果井架封闭且通风充分，但井架底座通风不充分，则底座内、方井内和低于地面的沟槽、防淋伞喇叭口中心 1.5m 范围钻台面部分（转盘周围）、井架顶部周边 1.5m 范围，为一级 1 区；钻台面以上封闭的井架内，为一级 2 区。井架底座封闭、井架封闭但通风充分区域划分如图 2-2 所示。

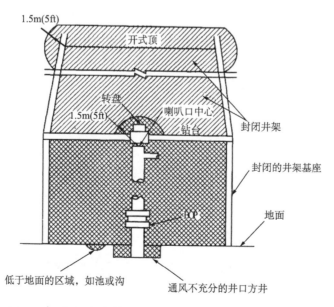

图 2-2 井架底座封闭、井架封闭但通风充分区域划分

（二）钻井液罐、钻井液槽（池）区域划分

（1）位于非封闭、通风充分区域的钻井液罐以及用于连接钻井液罐或工作钻井液池之间的敞开式钻井液槽，则其周围区域 3m 范围内，为一级 2 区。通风充分、非封闭区域或钻井液罐区域划分如图 2-3 所示。

（2）位于封闭、通风充分区域的钻井液罐以及用于连接钻井液罐或工作钻井液池之间的敞开式钻井液槽，按照图 2-3 所示划分，但封闭范围其余部分也应划分为一级 2 区。

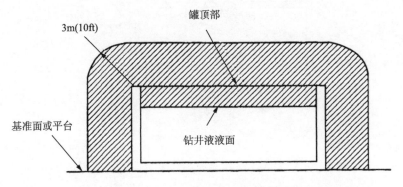

图 2-3　通风充分、非封闭区域钻井液罐区域划分

（3）位于封闭、通风不充分区域的钻井液罐以及用于连接钻井液罐或工作钻井液池之间的敞开式钻井液槽，钻井液液面至封闭体范围内区域，为一级 1 区；封闭体设有出口，则出口 3m 范围以及出口下方至地面墙面 3m 范围内，为一级 2 区。通风不充分封闭区域钻井液罐区域划分如图 2-4 所示。

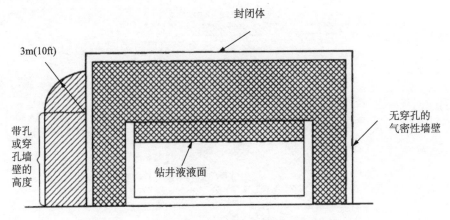

图 2-4　通风不充分封闭区域钻井液罐区域划分

（三）钻井泵区域划分

（1）通风充分的封闭或非封闭区域内钻井泵周围区域无需划分。

（2）钻井泵位于通风不充分的封闭区域内，则整个封闭区域全部为一级2区。

（四）振动筛区域划分

（1）通风充分的非封闭区域内振动筛周围的区域按照图2-5所示划分。

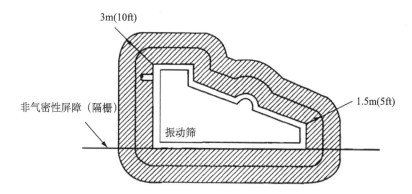

图2-5 通风充分的非封闭区域振动筛区域划分

（2）振动筛位于通风充分的封闭区域内，则整个封闭区域全部为一级1区。

（3）振动筛位于通风不充分的封闭区域内，则整个封闭区域全部为一级0区。

（五）除砂除泥器区域划分

（1）通风充分的非封闭区域内除砂器或除泥器周围的区域按照图2-6所示划分。

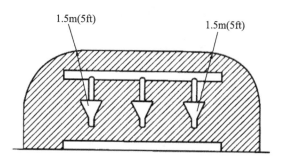

图2-6 通风充分的非封闭区域内除砂器或除泥器

（2）除砂器或除泥器位于通风充分的封闭区域内,则整个封闭区域全部为一级2区,如图2-7所示。

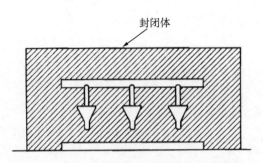

图 2-7　通风充分的封闭区域内除砂器或除泥器

（3）除砂器或除泥器位于通风不充分的封闭区域内，则整个封闭区域全部为一级 1 区。

（六）除气器区域划分

（1）通风充分的非封闭区域内除气器周围区域无需划分。

（2）除气器位于通风充分的封闭区域内，则整个封闭区域全部为一级 2 区。

（3）除气器位于通风不充分的封闭区域内，则整个封闭区域全部为一级 1 区。

（4）对于除气器排放口周围的区域按照图 2-8 所示划分。

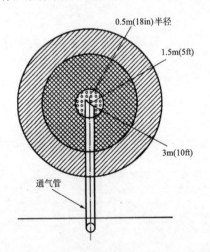

图 2-8　除气器排放口周围区域划分

注：通气管内部为 0 区。为了图面的清晰省略了剖面线。

（七）柴油罐区域划分

柴油罐一般位于通风充分的非封闭区域，可以按照 2-9 图示划分。

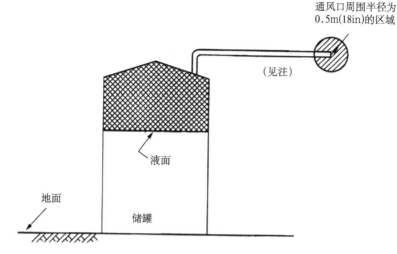

图 2—9 通风充分的非封闭区域的柴油罐区域划分

注：通风管内部区域为 1 区。为了图面的清晰，省略了横向的采样口。

在 SY/T 10041—2012《石油设施电气设备安装一级一类和二类区域划分的推荐作法》和 SY/T 6671—2006《石油设施电气设备安装区域一级、0 区、1 区和 2 区区域划分推荐作法》中都认为，柴油闭杯闪点在 55℃左右，属于二级可燃液体，产生的蒸气量较少，且通过储罐储存或运输，从装置中释放出来的概率很小，在防爆区域上无需划分区域。

但在 GB 50058—2014《爆炸危险环境电力装置设计规范》中，从释放源角度，柴油罐泵、闸门等区域为二级释放源，可划分为 2 区。从安全角度考虑，现场应根据最严格的标准去进行预防，本书中将油罐区域闸门组、泵区域周围 3m 区域划分为一级 2 区。

第三章

防火防爆风险管控措施

钻井作业现场，设备设施硬件配置的不合规、安全管理措施不到位、动火等违章作业，任何一个细节的疏忽都可能引发火灾爆炸事故。因此，防火防爆风险区域内应加强安全管理，明确风险管控措施，并严格执行。

第一节 现场各防爆区域内电气设备硬件配备和日常管理

电气设备的防爆类型主要有隔爆型、增安型、本质安全型等，爆炸危险区域的等级不同，采用的防爆类型和 IP 防护等级也不相同。在钻机出厂配套时，应选用符合防爆要求的电气设备，并加强日常管理维护，确保防爆性能的有效性。

一、硬件配备

设备设施配备选型上，主要考虑防爆类型和 IP 防护等级两个主要方面。

（一）钻台和井架底座区域

该区域的用电设备主要为综合液压站、偏房电控转接箱、司控房防爆空调和暖风机、转盘、井口排污泵。

（1）位于一级 1 区的设备：转盘和井口排污泵。

①转盘电机：整体采用正压防爆型式或达到正压防爆效果，电机外壳防护等级为 IP44，气源应为安全洁净的空气。

②井口排污泵：一般选用隔爆型浇封式潜水排沙电泵，防护等级 IP67。

（2）位于一级 2 区的设备：综合液压站，内配一备一用两个主电机，电机防护等级为 IP55，防爆标志为 ExdII T4；液压站配电箱防护等级为 IP55，防爆标志为 ExdII T4；偏房配电柜转接箱防护等级为 IP55；司控房配电控制箱采用正压防爆，具有开机吹扫、低压断电等功能；空调和暖风机防护等级为 IP20。

（二）钻井液罐、钻井液槽（池）区域

该区域的用电设备主要为搅拌器和离心机以及电控转接箱，轴流风机。

位于一级 2 区的设备：搅拌器电机防护等级为 IP55，防爆标志为 ExdII T4；离心机电机防护等级为 IP56，防爆标志为 ExdII T4；离心机电控箱防护等级为 IP56，防爆标志为 ExdII T4；电控转接箱防护等级为 IP54；轴流风机防护等级为 IP55，防爆标志为 ExdII T4。

（三）钻井泵区域

该区域主要是针对电动钻井泵，全部为二级区域。配备的设备如 F-1600 钻井泵，电机整体采用正压防爆型式，电机外壳防护等级为 IP44，气源应为安全洁净的空气。

（四）振动筛区域

位于一级 2 区的设备：主要是振动筛电机和防爆接线盒，振动筛电机防护等级为 IP56，防爆标志为 ExdII T4；防爆接线盒防护等级为 IP65，防爆标志为 dII BT4。

（五）除砂除泥器区域

位于一级 2 区的设备：主要为砂泵、振动泵和接线盒。砂泵防护等级为 IP55，防爆标志为 ExdII T4；振动泵电机防护等级为 IP56，防爆标志为 ExdII T4；接线盒防护等级为 IP65，防爆标志为 dII BT4。

（六）除气器区域

位于一级 2 区的设备：主要为除气器供液泵、主机电机和接线盒。供液泵、主机电机防护等级为 IP55，防爆标志为 ExdII T4；接线盒防护等级为 IP65，防爆标志为 dII BT4。

（七）柴油罐区域

位于一级 2 区的设备：用电设备主要为打油泵和接线盒。打油泵防护等级为 IP55，防爆标志为 ExdII T4；接线盒防护等级为 IP65，防爆标志为 dII BT4。

二、日常管理维护

（1）防爆电气设备安装使用前，必须由专业人员进行防爆检查，产品合格证、防爆合格证、防爆标准必须符合要求。

（2）防爆电气设备的运行、维护和修理工作，都必须符合防爆性能的各项技术要求。防爆性能受到破坏的电气设备，必须立即处理或更换，严禁继续使用。

（3）选择防爆接线盒、防爆插接件的规格容量时，必须按照相关标准，同对应的负载相匹配，禁止使用不符合要求的防爆接线盒、防爆插接件。

（4）井场所有照明采用防爆荧光灯，如果损坏，必须配相同型号灯具。

（5）井场所配的电缆，航空插接件为专用材料，不允许用其他材料替代。

（6）电气设备现场周围不得存放易燃易爆物、污源和腐蚀介质，否则应予清除或做防护处置，其防护等级必须与环境条件相适应。

（7）电气设备应按厂家规定的使用技术条件运行。

（8）电气设备应保持其外壳及环境的清洁，清除有碍设备安全运行的杂物和易燃物品，应有措施经常检测设备周围爆炸性混合物的浓度。

（9）设备运行时应具有良好的通风散热条件，检查外壳表面温度不得超过产品规定的最高温度和温升。

（10）设备运行时不应受外力损伤，应无倾斜和部件摩擦现象。声音应正常，振动值不得超过规定。

（11）运行中的电机应检查轴承部位，须保持清洁和规定的油量，检查轴承表面的温度，不得超过规定。

（12）定期检查外壳各部位固定螺栓和弹簧垫圈是否齐全紧固，不得松动。

（13）定期检查设备的外壳应无裂纹和有损防爆性能的机械变形现象。电缆进线装置应密封可靠。

（14）在爆炸危险场所除产品规定允许频繁起动的电机外，其他各类防爆电机，不允许频繁起动。

（15）在爆炸危险场所维护检查设备时，严禁带电对接电线（明火对接）和使用能产生冲击火花的工器具。故障停电后未查清原因前禁止强送电。

（16）定期对电线电缆做专项检查，对老化、破皮、油侵软化的电缆进行同类型同规程更换。

（17）电缆中间原则上不允许有接头，如果使用中因电缆损坏，需要中间接头，电线接头处应铰接牢靠，一般绕线圈数不少于5圈，并尽量减少接头处的受力，分别采用耐火和防水胶布包扎严实，各包扎不少于3层。

（18）电气设备运行中发生异常情况时，操作人员应采取紧急措施并停机，通知专业维修人员进行检查和处理。

第二节 钻井作业现场防火防爆安全管理措施和要求

钻井作业现场防火防爆安全管理措施主要分为人防、技防两个方面，其中包括管理制度、预防手段、日常检查、人员能力、技术标准等。

一、钻井现场防火管理制度

建立领导小组和消防队伍，并明确相应的职责，是防火管理的核心。

（一）建立防火领导小组以及岗位职责

钻井队要建立健全防火领导小组，并认真履行职责：

（1）组织贯彻有关国家地方消防安全法律、法规，落实上级单位有关消防安全管理制度及要求，制订本单位消防安全工作计划，并组织实施。

（2）掌握本单位生产过程的防火特点，检查火源、火险及灭火设施管理，督促落实火灾隐患的整改，确保消防设施的完好，消防道路畅通。

（3）针对本单位的防火特点，结合季节特点，开展消防安全培训教育。

（4）组织有关人员审查、制订动火措施，抓好工业动火的审批，并按规定督促落实现场监护。

（5）按照相关规定配备消防安全标志、设施和器材，并定期组织检查维护和保养，确保消防设施和器材完好有效，保障消防安全通道畅通。

（6）每月组织开展一次灭火预案演练，带领职工扑救初期火灾，保护火灾现场，协助有关部门调查火灾原因。

（7）定期分析本单位的消防安全情况，研究解决实际问题，并按规定做好防火档案的填写。

（二）建立义务消防队以及相应职责

钻井队应按员工总人数的30%以上建立义务消防队，义务消防队（小组）应配备相应的消防防护装备和器材。义务消防队职责：

（1）认真执行消防安全管理制度，制止和劝阻违反消防安全规定的行为，义务宣传消防安全知识。

（2）掌握消防重点部位火灾危险点和控制点的情况，参与消防安全检查和整改火险隐患。

（3）掌握消防设施和灭火器材的使用方法，维护和保养消防器材和设施。

（4）掌握防火和灭火的基本技能，初起火灾发生时，采取有效措施实施扑救，及时报警，组织人员疏散，保护现场，为抢险人员提供准确情况，配合消防队灭火，协助有关部门调查火灾原因。

二、火灾事故的预防

钻井作业现场火灾预防措施主要包括：

（1）钻井现场生产、生活用电，必须严格执行有关电气安全管理规定，电气设备和线路的设计、安装使用、维修和改造应符合有关标准和规定，严禁乱接乱拉电气线路。

（2）井队防火领导小组，在抓好日常防火工作的同时，认真履行井控管理领导小组职责，重点抓好本单位井控火灾预防工作。

（3）发生油气井喷、油气外泄等意外情况，以及重大危险施工作业，应及时向上级单位主管领导、工程技术人员、安全管理人员汇报。

（4）在同一个采油井场进行钻井生产作业的钻井队，要与采油单位填写防火安全协议，写明相关的安全责任。承钻更新井、调整井、探井的钻井队，发现井涌、溢流等危险预兆时，及时汇报有关部门，并采取应急措施进行处置。

（5）在具有火灾爆炸危险的场所使用明火，特殊情况需要动用明火作业时，必须按照工业动火管理规定，办理动火手续，严格审批，实施现场监护，杜绝违章动火。进行电焊、气焊等具有火灾危险的作业人员必须持证上岗，严格遵守操作规程。

三、钻井现场的防火安全检查

钻井现场防火检查可以划分为日巡查和月专项检查。

（一）防火日巡查

防火安全重点场所、要害部位应进行每日防火巡查，明确巡查的人员、内容、部位和频次。巡查的内容应包括：

（1）用火、用电有无违章情况。

（2）安全出口、疏散通道是否畅通，安全疏散指示标志、应急照明是否完好。

（3）消防设施、器材和消防安全标志是否在位、完整。

（4）其他消防安全情况。

（5）防火巡查人员应及时纠正违章行为，妥善处置火灾隐患，无法当场处置的，应立即报告。

（二）防火月专项检查

钻井队每月应组织一次消防安全检查，做到检查时间、内容和人员"三落实"。检查的内容应当包括：

（1）火灾隐患整改以及防范措施的落实情况。

（2）安全疏散通道、疏散指示标志、应急照明和安全出口情况。

（3）消防通道、消防水源情况。

（4）灭火器材配置及有效情况。

（5）用火、用电有无违章情况。

（6）关键岗位人员以及其他人员消防知识的掌握情况。

（7）易燃易爆危险物品和场所防火防爆措施的落实情况以及其他重要物资的防火安全情况。

（8）消防安全标志的设置情况。

（9）消防演练的情况及记录。

（10）其他需要检查的内容。

（11）消防检查应填写检查记录。检查人员和被检查部门负责人应在检查记录上签名。

四、钻井现场的防火培训

钻井队干部或专职消防员应定期对井队人员进行防火培训和宣传。内容包括以下几个内容：

（1）有关消防法规、消防安全制度和操作规程。

（2）岗位的火灾危险性和防火措施。

（3）消防设施、器材的性能和使用方法。

（4）报警、初起火灾扑救方法以及自救逃生等应急知识和技能。

（5）重点场所部位的安全疏散路线，引导人员疏散的程序和方法。

（6）火灾应急疏散预案的内容、操作程序。

五、钻井现场防火防爆技术措施

防火防爆技术措施主要包括间距的隔离、物料源的圈闭、设备设施的安装规范、防雷措施等。

（一）钻井井场布置与防火间距

防火间距主要包括：

（1）油气井井口距高压线及其他永久性设施不小于75m，距民宅不小于100m，距铁路、高速公路不小于200m，距学校、医院、油库、河流、水库、人口密集及高危场所等不小于500m，距矿产采掘井巷道不小于100m。

（2）井场边缘距铁路、高压线及其他永久性设施不应少于50m。

（3）驻地和井场的安全距离为：气井300m，油井100m。

（4）发电房与油罐区相距应不小于20m。

（5）值班房、发电房、库房、化验室等井场工作房、油罐区距井口应不小于30m。

（6）远程控制台及其周围10m内应无易燃易爆、易腐蚀物品。

（7）锅炉房在井口下风方向距井口应不小于50m。

（8）在草原、苇塘、林区钻井时，井场周围应有防火隔离墙或隔离带，宽度应不小于20m。

（9）井控装置的远程控制台应安装在井架大门侧前方、距井口不少于25m的专用活动房内。并在周围保持2m以上的行人通道，放喷管线出口距井口应不小于75m，含硫气井依据SY/T 5087的规定。

（10）分离器距井口应大于30m。经过分离器分离出的天然气和气井放喷的天然气应点火烧掉，火炬出口距井口、建筑物及森林应大于100m，且位于井口油罐区盛行风向的上风侧，火炬出口管线应固定牢靠。

（11）使用原油、轻质油、柴油等易燃物品施工时，井场50m以内严禁烟火。

安全距离如不能满足上述规定的，应由油田企业有关部门组织相关单位进行安全、环境评估，按其评估意见处置。

（二）钻井井场消防通道设置

通往井场的道路，为钻探施工项目修建的简易道路应满足消防车辆安全通行要求，钻井现场消防车通道的宽度应不小于 6m，净高应为 4.5m，消防车通道要能通达所有房屋、设备附近，保持通畅，消防车道上禁止堆物、堆料或停放车辆。

（三）防溢堤的设置

防溢堤主要是为防止这些柴油等可燃物在意外情况下的溢出引发火灾，现场设置标准主要为：

（1）立式油罐组的防溢堤不应低于 0.8m，卧式油罐组的防溢堤高不应小于 0.5m。

（2）井控远控房的防溢堤不应低于 0.2m。

（3）防溢堤必须采用非燃烧体材料（土或混凝土）建造并满足耐火极限 4h 的要求。

（4）防溢堤内地面雨水排除及其他管线穿越防溢堤应符合下列规定：

①在堤内设置集水设施，连接集水设施的雨水排出管道应从防溢堤内外设计地面通过，并在堤内或堤外设置可靠的截油排水装置。

②在年降雨量不大于 200mm 或降雨在 24h 内可以渗完的情况下，可不设雨水排除设施。

③进出油罐组的各类管线、电缆宜从堤顶跨越或从地面以下穿过。当必须穿过堤身时，应设置套管并应采取有效的密封措施。

④每一罐组防溢堤上必须设置不少于 2 个跨堤人行踏步，并设置在不同方向上。

⑤立式油罐罐壁至防溢堤内侧基脚线的距离不应小于该油罐罐壁高度的一半，卧式油罐罐壁至防溢堤内侧基脚线的距离不应小于 3m。

（5）管道穿堤处应用非燃烧性材料填实密封。

（6）油罐区排水系统应设有水封井，排水管在防火堤外应设置阀门，并处于常闭状态。排水时应有专人监护，用后关闭。

（7）防溢堤内应无油污等可燃物。

（8）防溢堤与消防路之间不应堆放障碍物。

（四）钻井现场电缆的安装

钻井现场电缆的安装一般指架空配电线路的安装和电缆的敷设两方面。

1. 架空配电线路的安装

（1）架空线的截面不小于 10mm²，下杆线长度不大于 20m。

（2）电杆埋设深度不得小于杆长的六分之一。

（3）档距中间严禁 T 接分支线，杆上分支线 T 接时，应设分支横担。

（4）架空电力线路与井场设施间的安全距离，不得小于表 3-1 的规定。

表 3-1 井场架空线路与设施间的安全距离

设施名称	线路电压		
	1kV 及以下	> 1 kV ~ 10 kV	35 kV
柴油机排气管	1m	—	—
柴油机排气管口轴线上距离	5m	—	—
井架绷绳	2m	15m	20m
防喷管管口	50m	100m	100m
井口	15m	75m	75m

2. 电缆敷设

（1）YCW 和 YZW 型电缆最小允许弯曲半径不小于 10D。

（2）电缆桥架内水平安装支架间距为 1.5 ~ 3m，垂直安装的支架间距不大于 2m。

（3）电缆的首端、末端和分支处应设标志牌。

（4）电缆槽内，弱电控制线应与动力电缆分开独立布线，最小距离为 200mm。如果控制回路与动力电缆交叉，那么它们应成 90°。

（五）避雷设施的设置

目前钻井现场雷电预防措施一般采用安装避雷针以及等电位连接和防雷接地。

1. 安装避雷针

（1）发电房联络屏两段母线应安装低压避雷器。

（2）电力变压器的高、低压侧应装设相应电压等级的避雷器。

（3）变压器高压侧的避雷器宜安装在高压熔断器之后。

（4）生活区的架空线末端应安装低压避雷器。

（5）杆上避雷器排列整齐，相间距离不小于 350mm，电源侧引线铜线截面积不小于 16mm^2，铝芯线截面积不小于 25mm^2；接地侧引线铜线截面积不小于 25mm^2，铝线截面积不小于 35mm^2，与接地装置引出线连接可靠。

2. 等电位连接和防雷接地

（1）井场应敷设总等电位连接电缆，其总长度不大于 150m。总等电位联结电缆可采用铝芯 35mm^2（铜芯电缆 25mm^2）以上电缆/电线。

（2）钻机天车、井架、二层台、钻台、底座、防喷器、节流管汇等与总等电位联结之间联结电阻值不大于 0.03Ω。

(3) 电控房/MMC房/顶驱房应有统一的保护接地，并通过房体对角处两处接地螺栓与井场总等电位联结电缆可靠连接。

(4) 电控房/MCC房/顶驱房保护接地应单独埋设接地体，其接地电阻值应小于4Ω。

(5) 营房内的无线传真、无线电话、卫星电视接收机应装设天馈防雷器，防雷器接地线与房内防雷接地盒统一连接，其连接电阻应小于0.03Ω。

(6) 营房内的电脑、打印机、电视机、空调等电器设备的保护接地应与防雷接地盒统连接，其连接电阻应小于0.03Ω。

(7) 营房内的录井终端应装设视频防雷器，其接地应与房内防雷接地盒连接。

(8) 井场电气安全措施，采取保护接零，要求井场电气设备、电器在正常情况下不带电的金属外壳、金属构架，必须同电源零线做可靠的电气连接即接零（PE）。

(9) 与电气设备相连接的PE线的截面不小于相线截面的1/2，最小不得小于2.5mm^2，且为双色绝缘多股铜芯软线。

(10) PE线应在井场电控中心做重复接地外，还应在配电线路的中间和末端做重复接地。重复接地电阻应不大于10Ω。

(11) 每一接地装置的接地干线应采用2根以上的导体，在不同点与接地装置做电气连接。不得用铝导体做接地体或地下接地线。

(12) 电缆盒、桥架、穿电缆的钢管应不少于2处与接零（PE）干线连接。

(13) 井场电器工作接地、防雷接地、重复接地和静电接地具体规定的电阻值见表3-2。

表3-2　井场各类接地电阻值

接地种类	规定及要求	接地设备或连接位置	工频接地电阻 R，Ω
工作接地	系统接地点同发电机外壳连接一起接地；变压器低压侧中性点同变压器外壳连接一起接地	系统接地点，变压器低压侧中性点	单台或并联容量在100kVA以上，$R \leqslant 4$；单台或并联容量在100kVA以下，$R \geqslant 10$
防雷接地	变压器高、低压侧避雷器，发（配）电屏母线上低压避雷器的接地线，应同接地干线连接	避雷器下端，电源中性点	$R \leqslant 4$
重复接地	供电电路的工作零线在分支线、配电设备的进线端应做重复接地，在重复接地之后的工作零线（N）、保护线（PE）不得共用	井场电气控制中心、循环罐、生活野营房等处	$R \leqslant 10$
防静电接地	柴油罐接地不得少于2处	油罐基脚接地螺栓	$R \leqslant 30$

第三节　钻井现场防火防爆区域工业动火管理

钻井作业过程中，因施工需要，井场涉及动用电气焊、喷灯烘烤等作业，对这些作业进行有效的管控，能够降低火灾爆炸的风险。

一、动火等级划分

石油钻探行业，动火一般分为四级。

（一）一级动火

天然气压缩机厂房、流量计间、阀组间、仪表间、天然气管道的管件和仪表处动火。天然气井口无控部分的动火。

（二）二级动火

易燃、可燃液体、气体的装卸区和洗槽站内的动火。

（三）三级动火

（1）在贮存原油、成品油的防爆区域内的动火。
（2）钻穿油气层时没有发生井涌、气浸的情况下，距井口 10m 以内井口处动火。
（3）焊割盛装过油气及其他易燃易爆介质的桶、箱、槽、瓶的动火。

（四）四级动火

（1）钻井作业过程未打开油气层、试油作业未射孔前的井场动火。
（2）除一、二、三级动火外的其他动火。

二、动火具备的条件

工业动火属于危险作业，作业前应结合作业环境和具体作业项目，进行全面的风险辨识，并制定措施，经审批后方可进行作业。

（一）确定作业项目、区域

主要包括：

（1）班组确定动火项目、类型、生产办鉴定；并确认动火位置区域，开派工单。

（2）确定动火是在规定的场所内还是外，在规定场所以外必须开具动火作业票，如果涉及交叉作业还必须开具交叉作业票。

（二）工作前安全分析

作业前工作安全分析包括：

（1）申请动火作业前，申请人应针对动火作业的性质、内容、潜在危害的类别、危害程度、作业环境、作业人员资质，进行一次风险评估，根据风险评估的结果制定相应控制措施。

（2）对动火区域进行评估，是否有逃生通道，周围是否有易燃物品堆放，焊接物品是否属于易燃易爆物品，作业空间是否足够，必须保证氧气、乙炔气瓶之间5m 的间距，氧气、乙炔气瓶与动火作业区域10m 的间距、区域内不得有物品阻挡安全通道。

（3）对设备、机具进行评估，检查焊机机壳、电源线接零或接地情况是否良好，焊枪焊嘴是否通畅，严禁使用损坏和有油污的工具。

（4）对作业人员的资质、能力、经验、身体状况进行评估。焊接作业人员必须持有国家认可并且有效的金属焊接切割（电气焊或氩氟焊）特种作业操作证。作业人员无职业病史、无不适应从事电焊作业的疾病。

（5）对特殊防护用品配备评估，一般防护眼镜、特殊防护墨镜、防尘口罩、皮手套、防护面罩是否完好齐全。

（三）安全交底

现场安全负责人对动火操作人员、现场监护人员、安全监督员进行安全交底，内容包括动火作业项目内容和区域、劳动防护用品佩戴、持证上岗、安全注意事项、突发事件应急措施、附近应急设施情况说明、辅助作业人员注意事项。

（四）动火作业许可申请

动火申请人落实安全措施，填写动火作业票内的动火项目、位置、动火内容描述、风险评估情况、相关方、动火时间期限等内容，填写好申请后交批准人审核。

（五）落实安全措施

现场负责人落实好设备隔离、防火用电安全、消防设施配备、安全警戒设置、通风等，确定疏散通道通畅，安排好现场监护人员。

（六）审核工业动火安全许可证

作业申请人、批准人、监护人共同参与动火作业许可证的书面填写与审核，确认许可证期限。填写、审核内容包括动火作业内容说明、风险评估结果、动火区域、动火时间、动火类型。

（七）现场审查

批准人组织申请人及相关人员到现场核查动火作业许可证和安全措施落实情况。核查内容包括动火区域设置隔离、特种作业人员持证情况、动火区域可燃物已清除、动火区域通风合格、动火监护人到位。

（八）现场批准签字认可

现场核查通过后，填写许可证内的安全检查内容项；申请人、监护人、批准人和受影响的相关方在现场进行签字确认。动火作业许可证一式两联，第一联留存在作业现场；第二联由批准人留存。

三、动火作业的安全要求

办理了作业许可，在作业过程中，必须遵循一定的原则和安全要求。

（一）基本要求

（1）除在规定的场所外，在任何时间、任何地点进行动火作业时，必须办理动火作业许可证。

（2）严禁实施与安全工作方案和动火作业许可证不符的动火作业。

（3）动火作业期间，如发现异常情况，应立即停止动火作业。

（二）动火原则

（1）凡是可不动火的一律不准动火。

（2）凡能拆下来的一定要拆下来移到安全地点动火。

（3）确实无法拆移的，必须在正常生产的装置和罐区内动火，需做到：

①按要求办理动火作业许可证。

②创建临时的动火安全区域。

③转移可燃物和易燃物。

④隔离措施。

⑤做好作业时间计划，避开危险时段。

（4）一般情况下节假日及夜间作业，非生产必需，一律禁止动火。

（5）遇有5级以上大风（含5级）不准动火。

（三）安全要求

1. 系统隔离要求

（1）动火前应首先切断物料来源，并进行系统隔离、吹扫、清洗、置换，交叉作业时需考虑区域隔离，安全工作方案中应制订上锁挂签、隔离的措施。

（2）动火施工区域需设置警戒，严禁与动火作业无关人员和车辆进入动火作业区域，各种施工机具、工具、材料及消防设施应摆在指定安全区域内。

（3）距离动火点30m内不准有液态烃或低闪点油品泄漏；距离动火点15m内不准有其他可燃物泄漏和暴露，并且所有的漏斗、排水口、各类井口、排气管、管道、地沟等应封严盖实。

（4）动火作业人员在动火点的上风作业，应位于避开油气流可能喷射和封堵物射出的方位。但在特殊情况下，可采取围隔作业并控制火花飞溅。

2. 安全设施

焊接物料摆放整齐，留出安全通道，作业点必须配备1～2个干粉灭火器或者灭火毯。

3. 安全监护

必须落实动火作业监护人由当班干部大班担任。井队每一次动火作业必须配备一名监护人员。

4. 氧气、乙炔焊接安全要求

1）气瓶安全放置

必须确保氧气与乙炔气瓶之间5m的安全距离，气瓶放置及使用中均不能暴晒，乙炔气瓶严禁卧放。

安装有防震圈、护帽，并固定牢靠。

2) 气瓶安全搬运

必须使用专用手推车搬运，气瓶不得带入受限空间，搬运过程中不能碰撞和触及油物。

3) 安装减压器，连接橡胶软管、焊枪及附件

分别安装减压器，连接专用橡胶软管(蓝色接氧气、红色接乙炔)，装上回火防止器，以防止回火；检查软管，老化、裂纹软管应更换。严禁使用沾有油脂的工具和手套。

氧气瓶及附件焊接工具绝对禁油，禁止用易产生火花的工具去开启氧气或乙炔气阀门。胶管不能沾油和泥垢，操作者手上不能沾油。

4) 气瓶使用注意事项

开启瓶阀时，应站在瓶阀侧面，开启要缓慢，以防止气体流经瓶阀时产生静电火花。必须使用专用工具开启，开启困难时不可敲击。氧气瓶内氧气压力为15MPa，氧气瓶内的氧气不能全部用完，最后要留0.1～0.2MPa的氧气，以便充氧时鉴别气体的性质和防止空气或可燃气体倒流入氧气瓶内。乙炔气瓶的工作压力为1.5MPa，乙炔瓶内的乙炔不能全部用完，最后必须留0．03MPa以上的乙炔气。

5) 应急措施

回火：首先关闭切割氧气阀门和预热氧气阀门，再关闭乙炔阀门，关闭氧气及乙炔瓶阀门，泄去设备压力。

泄漏：立即关闭气瓶阀门，中断气源供应，排除故障后，方可恢复作业。

5. 个人防护用品要求

气焊工应戴防冲击和防热护目镜或眼保护设施；电弧焊工应戴防热、防火、防冲击、防电的头盔和眼保护；佩戴焊工绝缘手套防止电击、烧伤；一些工作可能要求呼吸器；穿有衣领和袖口的长袖；穿干净的工作服—黄油或油脂是易燃的。

焊工劳保穿戴标准：工衣必须系紧领口袖口，严禁卷起袖口，穿短袖衣以及敞开衣领等进行焊接作业；氧焊、气焊时作业人员带防护墨镜、手套；同时辅助人员同样需要佩带好防护墨镜；裤腿应当从外部遮住鞋口。

6. 动火作业票的期限、延期和关闭

动火作业中断超过30min，继续动火前，动火作业人、监护人应重新确认安全条件和措施仍然有效。

动火作业完成后，监护人应留守现场，确认现场无任何火源和隐患。申请人与批准人到现场验收合格后方可签字，关闭动火作业许可证。

7. 作业后现场清理

(1) 切断焊机电源。

(2) 清除焊渣。

(3) 灭绝火种。

(4) 查看周围有无隐患。

(5) 把焊割炬放在安全的地方。

(6) 焊工所穿衣服下班后也要彻底检查，看是否有阴燃的情况。

8. 高处动火作业

高处动火采取防止火花溅落措施，应清除下方的易燃物，并在火花可能溅落的位置附近安排监护人。

9. 爆炸危险区动火作业的安全措施和注意事项

1）动火作业的安全措施

(1) 动火现场必须设专人监护负责看火，并准备足够有效的灭火器材和工具，清除周围易燃物。

(2) 凡在储存、输送易燃易爆液体、气体的设备和管道容器上动火时，要进行置换清洗等工作，并应事先制订安全措施。

(3) 对储存易燃易爆物料设备容器表面的动火，要清除设备容器内的物料并清洗干净，充满水或惰性气体。如有特殊情况，可按实际情况采取有效措施。

2）在设备容器内动火采取的措施

(1) 对于装有易燃、易爆物料的设备容器动火，在动火前必须清除设备容器内物料，洗净设备，按规定进行气体分析，合格后方可进入设备容器动火，在带有传动设备容器内动火时，应在配电室切断电源，挂警示牌，并设专人监护。

(2) 进入设备容器前，必须进行"试火"，确认其无其他反应时，方可动火，同时要备好灭火器材，设监护人员负责看火。设备容器内的照明必须绝缘良好，对进入设备容器人员根据物料性质和工作特点，定时轮换、休息。

3）看火监护人的规定

(1) 凡动火地点，一个动火证至少有一名看火监护人。

(2) 新项目施工动火，应指派专人看火监护。

(3) 看火监护人应做到：检查动火手续是否齐全及实现动火证批示的安全措施；随时扑灭飞溅的火星、火花而引起的着火；对动火者负有抢救和监护的任务。

第四节 现场典型推荐做法

在钻井作业现场，一些钻机配套时间较早，执行的标准规范、相应的布局、采用的设备设施等已经达不到现行防火防爆要求，可通过改进完善，做好防火防爆风险管控。

一、对钻机油气电路进行规范

根据钻机类型，制定方案，通过对线路进行整理、改造，形成规范，有效降低着火、爆炸风险。以下以 40V 型钻机为例。

（一）规范流程走向

（1）油路流程如图 3-1 所示。

图 3-1 油路流程示意图

（2）气路流程如图 3-2 所示。

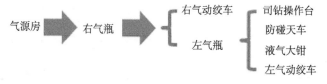

图 3-2 气路流程示意图

（3）电路流程如图 3-3 所示。

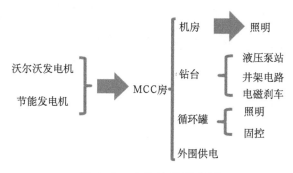

图 3-3 电路流程示意图

（二）统一颜色标识

油路用黄色标识，气路用红色标识，电路用白色标识。油路和气路标明方向，电路管线喷涂"当心触电"字样。如图3-4所示。

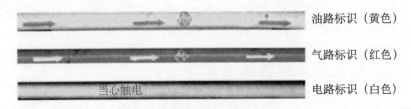

油路标识（黄色）

气路标识（红色）

当心触电　电路标识（白色）

图3-4　颜色标识图示

（三）方案实施

（1）电路规范方案如图3-5至图3-7所示。

偏房支架处加焊的防磨导向绝缘槽25cm×15cm×2.5m×4根，并喷绘防触电标识

图3-5　机房区节能发电机电缆统一用电缆槽走线

图 3-6 偏房支架加焊线缆集束导线防磨槽（集中走线）

图 3-7 电缆槽内走线进入偏房控制柜

注：包括井架电缆线、钻台电缆线。

（2）油、气路规范方案如图3-8和图3-9所示。

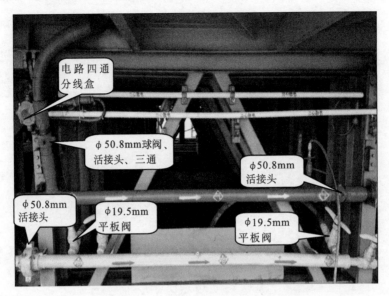

图3-8 油、气、电路规整后实物图

油管线（黄色）为1#、2#柴油机供油；气管线（红色）第二分口进底座连接1#、2#、3#联动箱和1#、2#泥浆泵进气管线。油路从油罐区开始安装闸门组至机房前台处，共用φ50.8mm平板阀门10个，φ19.5mm平板阀门6个，φ12.7mm球形阀12个，φ50.8mm钢丝橡胶管线40m。

图3-9 机房区油、气路规范后实物图

气管线（红色）第三分口最下方红色标识管线进底座连接气动绞车，上方中间管线进底座连接钻机主气管线，最上方红色细管线接 1 号联动机。

①钻台控制气路用 $4' \times 5m \times 3$ 根无缝钢管加工连接弯头、三通共 21 个。

②主气路用 1 根 $5m \times \phi 50.8mm$ 无缝钢管，$\phi 19.5mm$ 无缝钢管 2.5m，连接活接头、三通共 18 个，$\phi 50.8mm$ 闸门共需 10 个，$\phi 19.5mm$ 闸门、$\phi 12.7mm$ 闸门各需 8 个。

③电路规范需用 $\Phi 19.5mm$ 无缝钢管，需用线路集束连接分线盒及线路连接盒 22 个，快速插头 60 套。

（四）注意事项

（1）电缆圆管、电缆槽内置整线，不得断接，防止发热、漏电。

（2）电缆圆管分段安装，中间抛开散热，开口端垫胶防磨损、防漏电。

（3）搬家时，抽出电缆，进行检查。

（4）钻台下统一使用电缆槽走线，电缆槽底板为开孔钢丝网，以便散热，电缆槽上部为活动盖板，便于拆安、检查电缆线。

（5）整改时落实变更管理审批程序，落实高处坠落、触电等风险防范措施。

二、用等离子切割机替代氧气乙炔切割作业

钻井队长期以来一直使用氧气、乙炔进行切割作业，在拉运、储存、使用过程中存在较大的火灾爆炸风险。使用安全可靠的等离子切割机替代氧气乙炔切割作业，能够有效降低火灾爆炸风险。

等离子切割机的优点包括：

（1）设备轻便，便于移动。等离子切割机重量为 30kg，配备有移动滑轮，能满足现场不同切割地点的移动要求，且移动轻便灵活。

（2）切割平整，切割精度更高。相对于氧气、乙炔需要操作人员合理调节火焰，等离子切割机对操作人员的技术要求相对更低。

（3）存放安全可靠。等离子切割机停用时只需要将连接线缆、管线等拆除，在室内存放即可。相比于氧气、乙炔的易燃易爆特性，安全性更高，且减少了拉运氧气、乙炔的风险。

（4）更经济实惠，节约成本。等离子切割机市场价格为 4000 元左右，需要更换的主要配件是切割枪枪头，市场价格约 25 元，等离子切割机使用和维护保养得当，可长期使用。相比于氧气、乙炔（换气费用、租赁费用）大大节约了成本。

三、制作消防沙专用箱

一些钻井队所处地很难找到沙子作为消防沙。可以根据消防沙配备要求，制作相应的专用箱，用于存放消防沙，跟随钻井队搬迁。钻井队自制消防沙存放箱如图 3—10 所示。

图 3—10　钻井队自制消防沙存放箱

第四章

消防设施管理

钻井作业现场消防器材配备应满足各油田井控实施细则的规定和 GB 50160《石油化工企业设计防火规范》、SY/T 5974《钻井井场、设备、作业安全技术规程》、SY/T 5225《石油天然气钻井、开发、储运防火防爆安全生产技术规程》的要求，满足现场应急处置所需。同时，应定期进行检查、保养，确保有效性。

第一节　消防设施的配备

钻井作业现场应梳理清单，配备充足的消防设备设施。

一、灭火器配置要求

主要包括灭火器的数量、摆放位置、型号等。

（一）配置原则

为科学合理经济地进行灭火器配置，应对配置场所的灭火器配置进行设计计算，一般可按以下步骤和要求进行考虑和设计：

（1）确定各灭火器配置场所的火灾种类和危险等级。

（2）划分计算单元，计算各单元的保护面积。

（3）计算各单元的最小需配灭火级别。

（4）确定各单元内的灭火设置点的位置和数量。

（5）计算每个灭火设置点的最小需配灭火级别。

（6）确定各单元和每个设置点的灭火器的类型、规格与数量。

（7）确定每具灭火器的设置方式和要求。

（二）一般规定

（1）灭火器的类型、规格、灭火级别和配置数量应符合灭火器配置要求和井控实施细则要求。

（2）灭火器应设置在位置明显、附近无障碍物、便于取用的地点，且不得影响人员安全疏散。

（3）对有视线障碍的灭火器设置点，应设置指示其位置的发光标志。

（4）灭火器的摆放应稳固，其铭牌应朝外。手提式灭火器宜设置在灭火器箱内或挂钩、托架上，其顶部离地面高度不应大于1.50m，底部离地面高度不宜小于0.08m，灭火器箱不得上锁。对于环境干燥、洁净的场所，手提式灭火器可直接放置在地面上。

（5）灭火器不宜设置在潮湿或强腐蚀性的地点。当必须设置时，应有相应的保护措施。灭火器设置在室外时，应有相应的保护措施。

（6）灭火器不得设置在超出其使用温度范围的地点。

（7）推车式灭火器应设置在平坦的场地上，在没有外力作用下，推车式灭火器不得自行滑动。

（三）灭火器规格设置

生产区内设置的单个灭火器的规格按表4-1选用。

表4-1　灭火器的规格

灭火器类型		干粉型		泡沫型		二氧化碳	
		手提式	推车式	手提式	推车式	手提式	推车式
灭火器充装量	容量，L	—	—	9	60	—	—
	重量，kg	6或8	20或50	—	—	5或7	30

二、消防给水设施配置

消防给水设施主要包括消防水源（水池、水箱）、供水设施设备（消防水泵）和给水管线（闸门）等构成。

钻井作业现场一般是将生产水罐作为消防水源；水罐配备的2台3kW或7.5kW离心泵（或管道泵）在应急时作为消防水泵使用，另外配备1台手抬机动消防泵备用；在水罐、水泵出水管处连接1个三通，安装闸门和管线，再安装与消防水带接口、消防水枪口径相一致的消防栓向火场供水。

三、钻井作业现场消防器材配备要求

各单位应结合相关标准，明确本单位消防器材配备最基本要求，以下结合长庆区域风险特点，列举了相关标准。

（一）井场消防器材配备标准

SY/T 5974—2014《钻井井场、设备、作业安全技术规程》的规定，井场应配备35L 及以上的泡沫灭火器，其总容量不小于 200L。8kg 干粉灭火器 10 个，5kg 二氧化碳灭火器 2 个，消防斧 2 把，防火锹 6 把，消防桶 8 只，防火沙 4m³，20m 长消防水龙带 4 根，直径 19mm 直流水枪 2 支，这些器材均应整齐、清洁的摆放在消防房内。机房配备 8kg 二氧化碳灭火器 3 个，发电房配备 8kg 二氧化碳灭火器 2 个，在野营房区也应配备一定数量的消防器材。

在运行中，钻井队可根据各自油田井控实施细则等相关要求进行配备。表 4-2 为长庆区域井场消防器材配备标准。

表 4-2　长庆区域井场消防器材配备标准

序号	规格名称	单位	数量
1	推车式 MFT35 型干粉灭火器	具	4
2	MFZ 型 8kg 干粉灭火器	具	10
3	5kg 二氧化碳灭火器	具	7
4	消防斧	把	2
5	消防钩	把	2
6	消防锹	把	6
7	消防桶	个	8
8	消防毡	条	10
9	消防沙	m³	4
10	消防专用泵（10hp）	台	1
11	消防水龙带	m	100
12	φ19mm 直流水枪	支	2
13	水罐与消防泵连接管线及快速接头	个	1

（二）消防器材摆放位置

井场消防器材摆放位置按表 4-3 执行。

表4-3　井场消防器材摆放位置

摆放位置	器材规格	数量	单位	备注
油罐区	MFZ 型 8kg 干粉灭火器	4	具	放置点应选择在季节风的上风向，距油罐距离不大于 9m 且不小于 5m。灭火器放置应在消防器材专用箱内
	消防沙	4	m³	
	消防桶	2	个	
	消防锹	2	把	
水罐区	消防专用泵（10hp）	1	台	快速接头或专用消防栓接口应与消防水带、消防泵匹配；消防泵与水罐之间的连接管线固定良好（水带、水枪可放在消防房内）
	消防水龙带	100	m	
	φ19mm 直流水枪	2	支	
	连接管线及快速接头（或消防栓）	1	个	
机房	5kg 二氧化碳灭火器	3	具	机房有值班房的放置于值班房内，无值班房的放置在机房梯子入口一侧，统一摆放在消防器材专用箱内
发电房	5kg 二氧化碳灭火器	1	具/房	每个发电房、VFD 房、MCC 房或配电房配置 1 具，放置于靠门口处或房间专用灭火器挂钩或托架上
VFD 房、MCC 房或配电房	5kg 二氧化碳灭火器	1	具/房	
消防器材房	推车式 MFT35 型干粉灭火器	4	具	消防器材房应有明显标识，生产期间严禁房门上锁
	MFZ 型 8kg 干粉灭火器	6	具	
	5kg 二氧化碳灭火器	2	具	
	消防斧	2	把	
	消防钩	2	把	
	消防锹	4	把	
	消防桶	6	个	
	消防毡	10	条	

（三）营房消防器材配备

钻井队营地和井场野营房每栋配备 2 具 2kg 干粉灭火器，分别放置于房门内侧或专用托架上。

员工餐厅配备 4 具 8kg 干粉灭火器，其中操作间 2 具，餐厅 2 具，分别放置于房门内侧或专用托架上。

第二节　消防设施的检查、使用及维护保养

消防设备设施应正确使用、定期检查，并及时进行维护保养，确保时刻处于有效状态。

一、消防设施的检查

钻井队消防设施检查一般分为日常检查和周检查，日常检查由工程班组人员根据岗位职责分工，每班交接班进行检查，并记录在班前班后会检查记录中；周检查由钻井队大班、党支部书记（或管理员）分别对井场、营地的消防器材进行全面检查，并记录在周检查记录中。

日常巡检发现消防器材被挪动，缺少零部件，或器材配置场所的使用性质发生变化等情况时，应及时处置。

1.灭火器检查

灭火器的配置、外观等应按灭火器检查内容和要求进行检查，见表4-4。

表4-4　灭火器检查内容和要求

配置检查	(1) 灭火器是否在规定的设置点位置
	(2) 灭火器的落地、托架、挂钩等设置方式是否符合要求。手提式灭火器的挂钩、托架无松动、脱落、断裂和明显变形
	(3) 灭火器的铭牌是否朝外，并且器头宜向上
	(4) 灭火器的类型、规格、灭火级别和配置数量是否符合要求
	(5) 灭火器配置场所的使用性质，包括可燃物的种类和物态等，是否发生变化
	(6) 灭火器是否达到送修条件和维修期限
	(7) 灭火器是否达到报废条件和报废期限
	(8) 室外灭火器是否有防雨、防晒等保护措施
	(9) 灭火器周围是否存在有障碍物、遮挡、拴系等影响取用的现象
	(10) 灭火器箱是否上锁，箱内是否干燥、清洁
	(11) 特殊场所中灭火器的保护措施是否完好

续表

外观检查	（1）灭火器的认证标志、铭牌是否无残缺，并清晰明了
	（2）灭火器上的发光标识无明显缺陷和损伤，能够在黑暗中显示灭火器位置
	（3）灭火器铭牌上关于灭火剂、驱动气体的种类、充装压力、总质量、灭火级别、制造厂名和生产日期或维修日期等标志及操作说明齐全
	（4）灭火器水压试验压力、生产日期、生产连续号等钢印标记清晰
	（5）二氧化碳灭火器在瓶体肩部打制的钢印清晰，排列整齐，呈扇面状排列，钢印标记标注内容齐全
	（6）灭火器是否在有效期内
	（7）灭火器的器头（阀门）外观完好，无破损，并安装保险装置，保险装置的铅封（塑料带、线封）完好无损
	（8）灭火器的简体是否无明显的损伤（磕伤、划伤）、缺陷、锈蚀（特别是简底和焊缝）、泄漏
	（9）3kg（L）以上灭火器喷射软管完好，无明显龟裂，喷嘴不堵塞，手提式灭火器喷射软管长度不小于400mm，推车式灭火器喷射软管长度不小于4m（不包括软管两端的接头和喷射枪）
	（10）灭火器的驱动气体压力是否在工作压力范围内（贮压式灭火器查看压力指示器是否指示在绿区范围内；二氧化碳灭火器和储气瓶式灭火器可用称重法检查，质量是否小于标准质量的95%）
	（11）灭火器的零部件齐全，并且无松动、脱落或损伤，提把和压把不得有毛刺、锐边等影响操作的缺陷
	（12）灭火器未开启、喷射过，干粉灭火器的干粉是否结块
	（13）推车式灭火器采用旋转式喷射枪的，其枪体上标注有指示开启方法的永久性标识。喷射枪夹持装置完好，推行时喷射枪不脱落
	（14）推车式灭火器行驶机构完好，推行时无卡阻，灭火器整体（轮子除外）最低位置与地面的间隙不小于100mm

2. 灭火器箱、灭火器挂钩、托架的检查

灭火器箱、灭火器挂钩、托架按检查内容和要求进行检查，见表4-5。

表4-5 灭火器箱、灭火器挂钩、托架检查内容和要求

灭火器箱	（1）灭火器箱不得被遮挡、上锁或者拴系
	（2）灭火器箱箱门开启方便灵活，开启后不得阻挡人员安全疏散
	（3）开门型灭火器箱的箱门开启角度不得小于165°，翻盖型灭火器箱的翻盖开启角度不得小于100°

续表

挂钩／托架	（1）灭火器挂钩、托架无松动、脱落、断裂和明显变形等现象
	（2）设有夹持带的挂钩、托架，夹持带的开启方式可从正面看到，当夹持带打开时，灭火器不得坠落
	（3）挂钩、托架的安装高度满足手提式灭火器顶部与地面距离不大于 1.5m，底部与地面距离不小于 0.08m 的要求

3. 消防供水设施（设备）检查

消防供水设施（设备）按检查内容和要求进行检查，见表 4-6。

表 4-6　消防供水设施（设备）检查内容和要求

水罐	（1）水罐储水量应充足
	（2）冬季施工时应采取保温措施
水罐水泵	（1）所有铸件外表面不应有明显的结疤、气泡、沙眼等缺陷
	（2）泵安装位置应保证易于现场维修和更换零件，紧固件紧固，不应因震动等原因而产生松动
	（3）消防泵体上应有表示旋转方向的箭头
	（4）泵放水旋塞应处于泵的最低位置以便排尽泵内余水
	（5）泵的流量、扬程、功率符合要求
	（6）轴封处密封良好，无线状泄漏现象
	（7）旋转部位护罩齐全
	（8）水泵供电正常，控制开关灵活好用
	（9）消防水泵运转应平稳，无不良噪声或震动
汽油消防泵	（1）泵的各连接件紧固
	（2）汽油充足，箱盖完好
	（3）润滑油油位在标尺上下刻度线之间
	（4）火花塞完好、无积炭
	（5）进水管滤网清洁，水管密封垫完好
	（6）进水管连接完好、密封不漏气
	（7）汽油机、泵转动灵活，启动拉绳完好
管线／闸门	（1）消防管线涂红漆或涂红色环圈标识，并注明管线名称和水流方向标识
	（2）管线、闸门可能发生冰冻时，采取有防冻技术措施
	（3）闸门开启、关闭灵活
	（4）闸门安装进出口方向正确，连接牢固、紧密
	（5）闸门便于维修和操作，且安装空间能满足阀门完全启闭的要求

续表

消防栓	(6) 手轮转动灵活，阀芯密封良好
	(7) 消防栓涂红漆，与管线、接口连接牢固
	(8) 消防栓消防通道畅通，无障碍物
消防水带/接口	(1) 消防水带产品标识齐全［产品名称、设计工作压力、规格（公称内径及长度）、经线、纬线及衬里的材质、生产厂名、注册商标、生产日期］
	(2) 织物层应编织均匀，表面整洁，无跳双经、断双经、跳纬及划伤、破损
	(3) 水带按要求盘好
	(4) 水带与接口连接紧固
	(5) 消防接口无断裂、变形
	(6) 消防接口橡胶密封圈完好，不得有气泡、杂质、裂口和凹凸不平等缺陷
	(7) 接口滑槽和密封部位无污泥和沙粒等杂物
	(8) 接口的螺纹表面应光洁、无损牙，螺纹式接口头部螺纹始末两端牙型完整
	(9) 接口与水带、吸水管连接部为钝角
消防水枪	(1) 水枪铸件表面应无结疤、裂纹及孔眼
	(2) 接口无断裂、变形，操纵正常，密封垫圈完好
	(3) 喷嘴畅通，无堵塞

4. 其他消防器材的检查

其他消防器材按检查内容和要求进行检查，见表4-7。

表4-7 其他消防器材检查内容和要求

消防斧	(1) 斧柄的木质表面应光滑，无腐朽、结疤和虫蛀孔，并涂清漆
	(2) 斧头不得有裂纹、夹层、锈斑现象，涂漆表面应光滑
灭火毯	灭火毯无破损、油污
消防桶	消防桶无变形、锈蚀，提环完好，颜色、标识符合要求
消防锹	(1) 消防锹无变形、锈蚀，锹头与木柄连接牢固
	(2) 木柄光滑无毛刺，尾端手柄完好、固定牢固，颜色符合要求
消防钩	(1) 消防钩前端尖刺和两个弯钩完好，与木柄连接牢固
	(2) 木柄光滑无毛刺，无明显弯曲、断裂，颜色符合要求
消防沙	消防沙充足，整齐堆积在一起，无杂物

二、消防设施的使用及注意事项

不同的消防设施，使用方法都不相同，在使用过程中，要按照正确的方法才能发挥其作用，否则可能造成失效或损坏。

（一）干粉灭火器

干粉灭火器一般有推车式和手提式两种，根据现场使用方便和扑救面积来选用。

1. 推车式干粉灭火器

（1）把干粉车拉或推到现场。

（2）右手抓着喷粉枪，左手顺势展开喷粉胶管，直至平直，不能弯折或打圈。

（3）除掉铅封，拔出保险销。

（4）用手掌使劲按下供气阀门。

（5）左手持喷粉枪管托，右手把持枪把，用手指扣动喷粉开关，对准火焰喷射，不断靠前左右摆动喷粉枪，把干粉笼罩在燃烧区，直至把火扑灭为止。

2. 手提式干粉灭火器

（1）手提灭火器的提把或肩扛灭火器到着火点，距火焰上风向5m，放下灭火器。

（2）除掉铅封，拔出保险销。

（3）距火焰上风有效距离2～3m处，左手握在喷射软管前端的喷嘴处，对准火焰根部，右手提着按下开启压把，干粉即喷出。同时左手左右适当摆动喷管，使气体横扫整个火焰根部，并逐渐向前推移。

如灭火器无喷射软管，可一手握住开启压把，另一手扶住灭火器底部的底圈部分，先将喷嘴对准燃烧处，用力握紧开启压把，对准火焰根部扫射。

（4）如遇多处明火，可移动位置点射着火点，直至火焰点完全熄灭，不留明火为止，防止复燃。

（5）火灭后，抬起灭火器压把，即停止喷射。

3. 使用注意事项

（1）被扑救的液体火灾呈流淌状燃烧时，应对准火焰根部由近而远，并左右扫射，直至把火焰全部扑灭。

（2）如果可燃液体在容器内燃烧，使用者应对准火焰根部左右晃动扫射，使喷射出的干粉流覆盖整个容器开口表面；当火焰被赶出容器时，使用者仍应继续喷射，直至将火焰全部扑灭。在扑救容器内可燃液体火灾时，应注意不能将喷嘴直接对准液面喷射，防止喷流的冲击力使可燃液体溅出而扩大火势，造成灭火困难。

（3）使用磷酸铵盐干粉灭火器扑救固体可燃物火灾时，应对准燃烧最猛烈处喷射，并上下、左右扫射。如条件许可，使用者可提着灭火器沿着燃烧物四周边走边喷，使干粉灭火剂均匀地喷在燃烧物的表面，直至将火焰全部扑灭。

（4）使用干粉灭火器应注意在灭火过程中始终保持直立状态，不得横卧或颠倒使用，否则不能喷粉；同时注意干粉灭火器灭火后防止复燃，因为干粉灭火器的冷却作用甚微，在着火点存在着炽热物的条件下，灭火后易产生复燃。

（二）二氧化碳灭火器

主要适用于各种易燃、可燃液体、可燃气体火灾，还可扑救仪器仪表、图书档案和低压电器设备等的初起火灾。

1. 使用方法

（1）用手握着压把，将灭火器提到现场。

（2）除掉铅封。

（3）拔掉保险销。

（4）站在距火源 2m 的地方，左手拿着喇叭筒根部手柄，右手用力压下压把。没有喷射软管的二氧化碳灭火器，应把喇叭筒往上扳 70° ~ 90°。

（5）对着火源根部喷射，并不断推前，直至把火焰扑灭。

2. 注意事项

（1）不能直接用手抓住喇叭筒外壁或金属连接管，以免皮肤接触喷筒和喷射胶管，防止冻伤。

（2）在室外使用的，应选择在上风方向喷射，在室内窄小空间使用的，灭火后操作者应迅速离开，以防窒息。

（3）使用二氧化碳灭火器扑救电器火灾时，如果电压超过 600V，应先断电后灭火。

（三）消防泵

1. 启动前检查

（1）燃料充足，拧紧箱盖。

（2）汽油机润滑油油位在标尺上下刻度线之间。

（3）进水管完好，密封不漏气。

（4）检查火花塞完好。

（5）拉动启动绳，检查转动良好。

2. 启动

（1）打开汽油杯下面的滤油器开关。

（2）将化油器阻风门关小 1/2 开度，稍开节气门。

（3）按下化油器的加浓杆，待汽油溢出后即松开。

（4）按反时针方向旋转起动轮至有压缩感的位置，将起动绳按顺时针方向套在起动轮上，然后用脚踩住机架，并迅速用力拉绳，启动汽油机。

3. 运行

（1）关闭出水阀。

（2）打开水泵进水端上铜皮旋塞开关。

（3）右手按下消声器上方引水扳手，关闭消声器上出口；左手拉动调速器拨杆，使化油器节气门全开，提高汽油机转速。

（4）待消声器下部引水器喷口连续喷出水汽后，稍稍打开出水阀。

（5）待水枪出水连续正常再关闭铜皮旋塞开关。

（6）打开消声器上方的引水扳手。

（7）将出水阀全部打开。

4. 停机

（1）关闭出水阀，扳动化油器上限位扳手使转速在 2500r/min，空载运转 3 ～ 5min，使发动机缓缓冷却。

（2）关小节气门，降低转速，关闭油门，停机。

（3）关闭滤油杯开关，关闭化油器阻风门，转动曲轴使活塞处于压缩位置。

5. 注意事项

（1）汽油机空载低速运转时间不能过长，以防止火花塞积炭过多，影响下次启动。

（2）冬季停机后，将水泵上水管线闸门关闭，卸开管线和水泵泵壳下部的螺塞，放尽存水，以免冻坏。

（四）消防栓、消防水带、直流枪头

1. 使用方法

（1）取出水龙带、水枪。

（2）向火场方向铺设水带，避免扭折。

（3）将水带靠近消火栓端与消防栓连接，连接时将连接扣准确插入滑槽，按顺时针方向拧紧（旋转90°）。

（4）将水带另一端与水枪连接（连接程序与消火栓连接相同）。

（5）连接完毕后，至少有2人握紧水枪，对准火场。

（6）缓慢打开消防栓阀门至最大，对准火场进行灭火。

2. 注意事项

（1）铺设消防水带时，要避开尖锐物体和各种油类。

（2）使用消防水带时，应将耐高压的消防水带接在离水泵较近的地方。

（3）充水后的消防水带应防止扭转或骤然折弯，以防止降低耐水压的能力，避免在地面上强行拖拉，需要改变位置时要尽量抬起移动，以减少水带与地面的磨损。

（4）使用时避免扭转，以防止充水后水带转动而使内扣式水带接口脱开。

（5）水带垂直铺设时，宜在相隔10m左右予以固定，以防止水带断裂。

（6）避免接口摔、碰和重压，以防变形、损坏而使装拆困难。

（7）在可能有火焰或强辐射热的区域，应采用棉或麻质水带。

（五）其他消防器材的使用

1. 消防斧

（1）进行砍劈破拆作业时，应尽量使斧刃垂直与物体平面，以防刀口逆裂，勿砍伐硬度超过40HRC以上的物体。

（2）消防斧斧柄不能代替撬棍使用，消防斧斧顶切勿当大锤使用。

（3）消防斧应放于干燥的环境中，不允许砍劈带电电线或设备，以及易爆的环境下使用消防斧。

2. 灭火毯

(1) 取出灭火毯，将灭火毯全部打开，作盾牌状拿在手上。

(2) 用灭火毯盖住火源，覆盖火源时注意保护双手。

(3) 覆盖一定时间，待火熄灭，等被盖物冷却后再移除灭火毯。

(4) 如果人身上着火，将毯子抖开，完全包裹着火人身上扑灭火源。

三、消防设施的维护与保养

（一）灭火器的维护与保养

(1) 灭火器所放位置应保持干燥、通风，防止受潮；应避免日光暴晒及强辐射热的作用，以免影响灭火器的正常使用。

(2) 灭火器的存放环境温度应符合要求，干粉、二氧化碳灭火器存放环境温度一般在 $-10℃ \sim 45℃$ 之间。

(3) 灭火器应按规定的要求和检查周期进行定期检查，且检查应由经过培训的专人进行。

(4) 经常对灭火器表面、喷粉管及保险销进行清洁整理，对活动部位进行润滑保养。

(5) 定期对筒体进行适当的晃动，防止干粉结块。当压力低于规定的范围或干粉严重结块时应维修或更换。

(6) 灭火器一经开启，即使喷出不多，也必须按规定要求进行再充装。再充装应由专业部门按制造厂规定的要求和方法进行，不得随便更换灭火剂品种、重量和驱动气体种类及压力。

(7) 灭火器每次再冲装前，其主要受压部件，如器头、筒体应按规定进行水压试验，合格者方可继续使用。水压试验不合格，不准用焊接等方法进行修复使用。

(8) 经维修部门修复的灭火器，应由消防监督部门认可标记，并注上维修单位的名称和维修日期。

（二）灭火器的维修

存在机械损伤、明显锈蚀、灭火剂泄漏、被开启使用过或符合其他维修条件的灭火器应及时进行维修。

灭火器的维修期限应符合表4-8的规定。

表 4-8　灭火器维修期限

序号	灭火器类型	维修期限
1	干粉灭火器	出厂期满 5 年；首次维修以后每满 2 年
2	洁净气体灭火器	
3	二氧化碳灭火器和贮气瓶	

（三）消防供水设施（设备）的维护保养

1. 手抬式消防泵

（1）手抬泵应放置在清洁、干燥的环境，以防止零件锈蚀和电气部分受潮。

（2）保持泵的清洁和连接紧固，及时清除外部灰尘、油污，检查零件、部件是否完整，连接部分是否紧固，发现问题应及时修理，排除故障。

（3）在使用有腐蚀性水源后，应再用清水作水源，起动水泵 10min，将水泵内部冲洗干净。

（4）检查曲轴箱内润滑油面，及时补充清洁润滑油，使油平面保持在机油标尺的上下刻线之间。切忌用错润滑油牌号，按使用说明书要求按时更换润滑油（一般运转 50h 更换）。

（5）泵工作 25h 后，应清洁空气滤清器、汽油滤清器、气化器及汽油管。

（6）上水管不可过分弯曲和在其上放置重物，以免折裂或压扁。上水管接头中的密封垫不可遗失或损坏，否则造成上水困难，甚至不上水。

（7）若较长时间不用，应将手抬泵内的油、水彻底放尽，并向气缸内（可通过火花塞部）注入少许优质机油，以防由于汽油蒸发而积存胶状沉淀物以及气缸壁锈蚀等。

（8）冬季停机后，应旋下泵壳底部锥形螺塞，放尽泵内，以防结冰时破坏。

2. 清水离心泵（或管道泵）

（1）保持泵的清洁和连接紧固，及时清除外部灰尘、油污，检查零件、部件是否完整，连接部分是否紧固。

（2）保持泵润滑良好，轴承的油位、油质符合要求。

（3）随时调整填料密封压盖预紧力，以保证轴的密封。

（4）冬季应有保温措施，防止冻结。不使用时应关闭泵进水闸门，卸下泵壳体下部螺塞，放尽存水。

3. 消防水带、接口、水枪

（1）水带应存放在环境干燥、通风良好、避免太阳直接暴晒的地方。

（2）整盘双层卷置的水带，定期对盘卷的水带重新卷一次，盘卷方向应内外调换。

（3）水带使用后应及时将水放尽，并清洗干净、晒干后盘好。

（4）水带使用过程中如发现有破损小孔，应用水带包布裹紧，事后尽早织补或粘补。

（5）应避免与油类、酸、碱等有腐蚀性的化学物品接触，以防水带、金属件腐蚀，橡胶密封圈变质。

（6）接口、水枪避免挤压、碰撞，以防变形。及时清理接口滑槽及水枪喷嘴的污泥和沙粒等杂物。

4. 其他消防器材

（1）每次使用完后，要擦拭干净，保持清洁。应放置于干燥处，避免高温及接触腐蚀性物品，以免金属腐蚀和胶柄老化变质。

（2）消防斧、消防锹、消防钩经常检查手柄是否有裂纹，连接处是否松动。

（3）消防器材严禁挪作他用。

第三节 消防设施的报废

消防设施达到规定的报废标准，应强制报废。

（一）灭火器的报废

灭火器报废主要依据年限和性能。

1. 报废年限

灭火器从出厂日期算起，达到表4-9规定年限的应报废。

表4-9 灭火器报废年限

序号	灭火器类型	报废年限
1	干粉灭火器	10年
2	洁净气体灭火器	10年
3	二氧化碳灭火器和贮气瓶	12年

2. 报废条件

检查发现灭火器有下列情况之一者，应报废：

（1）筒体、器头水压试验不合格的。

（2）二氧化碳灭火器的钢瓶进行残余变形率测试不合格的。

（3）筒体严重锈蚀（漆皮大面积脱落，锈蚀面积大于筒体总面积的三分之一，表面产生凹坑者）或连接部位、筒体严重锈蚀的。

（4）筒体严重变形的。

（5）筒体、器头有锡焊、铜焊或补缀等修补痕迹的。

（6）筒体、器头（不含提、压把）的螺纹受损、失效的。

（7）筒体与器头非螺纹连接的灭火器。

（8）器头存在裂纹、无泄压结构等缺陷的。

（9）没有间歇喷射机构的手提式灭火器。

（10）筒体为平底等结构不合理的灭火器。

（11）没有生产厂名称和出厂年月的（包括铭牌脱落，或有铭牌但已看不清生产厂名称，出厂年月钢印无法识别的）。

（12）被火烧过的灭火器。

（13）按 GA 95—2015《灭火器维修》的规定应予报废的 1211 灭火器。

（14）不符合消防产品市场准入制度的灭火器。

（15）按国家或有关部门规定应予报废的灭火器。

（二）其他消防设施的报废

（1）消防水带破损、老化应报废。

（2）消防接口扣爪或滑块断裂、变形，滑槽变形，接口螺纹损坏应报废。

（3）消防水枪及接口断裂、变形、喷嘴堵塞应报废。

（4）其他消防设施按相关要求报废。

第五章

火灾应急管理

钻井作业现场由于诸多原因，可能发生各种火灾事故，往往会造成严重人员伤亡和重大财产损失。如果事故发生后能够采取行之有效的应急措施，就能将事故的严重性和损失降到最低程度，保障员工生命、健康和财产安全，促进企业和谐健康发展。

第一节　火灾应急管理基本要求

发生火灾后，单位应按照一定的原则和预先制定的处置措施，结合现场实际开展相关应急处置工作。

一、火灾应急处置基本原则

火灾处置按照"先人员、后物资，先重点、后一般，初期扑救、大火撤离"的原则进行。

二、编制火灾事故专项应急预案

企业、单位等为依法、迅速、科学、有序应对火灾事故，最大程度减少火灾造成的损害，编制火灾事故应急预案。

(1)火灾事故专项应急编制原则：遵循以人为本、依法依规、符合实际、注重实效的原则，以应急处置为核心，明确应急职责、规范应急程序、细化保障措施。

(2)火灾事故专项应急预案编制流程主要包括：

①成立机构。

②事故风险评估和应急资源调查。

③确定体系。

④编制预案。

⑤征求意见。

⑥评审和签署公布。

(3)火灾事故专项应急预案编制应当符合下列要求：

①有关法律、法规、规章和标准的规定。

②本地区、本部门、本单位的安全生产实际情况。

③本地区、本部门、本单位的危险性分析情况。

④应急组织和人员的职责分工明确，并有具体的落实措施。

⑤有明确、具体的应急程序和处置措施，并与其应急能力相适应。

⑥有明确的应急保障措施，满足本地区、本部门、本单位的应急工作需要。

⑦应急预案基本要素齐全、完整，应急预案附件提供的信息准确。

⑧应急预案内容与相关应急预案相互衔接。

(4)火灾事故专项应急预案主要内容：

①事故风险分析。针对可能发生的事故风险，分析事故发生的可能性以及严重程度、影响范围等。

②应急指挥机构及职责。根据事故类型，明确应急指挥机构总指挥、副总指挥以及各成员单位或人员的具体职责。应急指挥机构可以设置相应的应急救援工作小组，明确各小组的工作任务及主要负责人职责。

③处置程序。明确事故及事故险情信息报告程序和内容，报告方式和责任人等。根据事故响应级别，具体描述事故接警报告和记录、应急指挥机构启动、应急指挥、资源调配、应急救援、扩大应急等应急响应程序。

④处置措施。针对可能发生的事故风险、事故危害程度和影响范围，制定相应的应急处置措施，明确处置原则和具体要求。

三、火灾处置基本要求

主要包括火灾扑救、隔离警示、人员安全防护、人员能力四个方面。

(一) 火灾扑救基本要求

(1) 进入火场的所有人员，应当根据危害程度和防护等级，佩戴防护装具。

(2) 在可能发生爆炸、毒害物质泄漏、可燃液体沸溢、喷溅，以及浓烟、缺氧等危险的情况下进行救人灭火时，应当由专业救援队伍进行，严禁现场施工作业人员擅自行动。

(3) 在需要采取关阀断料、开阀导流、降温降压、点火放空等措施时，应当由专业救援队伍进行，严禁现场施工作业人员擅自行动。

(4) 对火场内带电线路和设备，应当视情采取切断电源或者预防触电的措施。

(5) 当火场出现爆炸、轰燃、倒塌、沸溢、喷溅等险情征兆，而又无法及时控制或者消除，直接威胁救援人员的生命安全时，应当果断迅速组织人员撤离到安全地带并立即清点人数。

（二）设置警示隔离基本要求

（1）根据火灾事故类型，科学、合理地划定警戒区域，设置警戒标志。

（2）清除警戒区域内无关人员，禁止现场群众和无可靠安全防护措施的施救人员、装备进入警戒区内。

（3）必要时采取禁火、停电等安全措施。

（4）需要时经县级以上人民政府公安机关批准，方可实行交通管制。

（三）安全防护基本要求

（1）进入火灾事故现场的所有救援人员，必须根据现场实际情况和危险等级采取防护措施，严格执行操作规程。

（2）在可能发生爆炸、易燃易爆和毒害物质泄漏、建筑物倒塌等危险情况下救援时，必须进行检测和监测。

（3）需要采取工艺措施处置时，应当掩护配合事故单位和专业工程技术人员实施，严禁盲目行动。

（4）当现场出现爆炸、倒塌，易燃可燃气体、液体，毒害物质大量扩散等险情征兆，而又不能及时控制或者消除，直接威胁参战人员的生命安全时，应当果断迅速组织人员撤离到安全地带并立即清点人数。

（四）救援基本要求

（1）根据现场不同情况，视情采取破拆、起重、支撑、牵引、起吊等方法施救。

（2）在人员被倒塌设备、材料埋压或者被困于容易窒息、受伤的现场，应当首先稳定被困人员情绪，并视情迅速采取送风供氧、急救、提供饮水和食物等措施，然后设法采取有效的营救措施。

（3）当不能确认遇险人员无生还可能时，严禁盲目使用大型挖掘机、铲车、推土机等机械设备和可能危及被困人员生命安全的救援方法。

（4）在毒害物质泄漏现场，应当使用防毒、救生等工具抢救中毒人员，并及时疏散染毒区域内的人员。

（5）在高空救生时，应当充分利用可靠的设施、工具和专业救援装备，并采取相应的安全防护措施。

（6）对现场受伤人员应当由具备急救资质的人员进行现场急救，并立即通知医疗急救部门进行救治。

四、应急处置能力基本要求

（1）建立应急抢险突击队。根据应急处置所需和单位实际情况，成立专（兼）职应急抢险突击队伍，建立信息台账。

（2）开展火灾应急培训。定期进行火灾应急知识、自救互救、避险逃生技能培训，进行应急物资使用技能、应急抢险处置知识等相关培训，有效提高现场先期快速处置能力，并保证在险情或事故发生时，能够在第一时间迅速、有效地投入救援与处置工作。

（3）定期开展火灾应急演练。编制应急演练计划，制定演练方案，并组织演练和演练考评。

第二节　钻井现场火灾处置方法

正确的处置方法能够及时地控制火势，降低次生灾害。在钻井作业现场，火灾处置流程基本相同，但不同的火灾，在灭火方式、器材选用上有所不同，需要采取针对性措施。

一、火灾应急处置程序图

火灾发生时，一般按照通用处置程序进行处置，如图5-1所示。

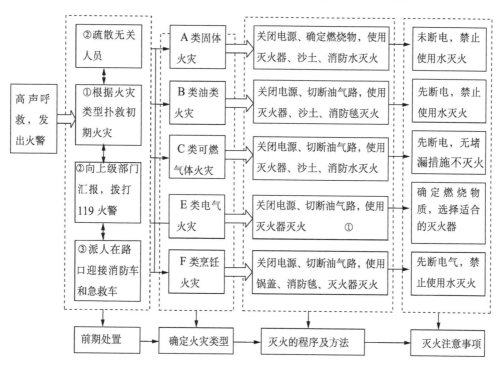

图 5-1　应急处置流程

二、岗位员工火灾处置操作卡

岗位应急处置卡主要包括危害描述、处置流程、重点岗位处置要点和注意事项，重在让使用者一看就会、一看就明白自己的行动职责。岗位应急处置卡见表5-1。

表 5-1 岗位应急处置卡

事故名称	火灾事故						
事件位置	井口、井场油罐、野营房、食堂等区域						
危害描述	火灾造成设备损坏、人员伤害、财产损失						
处置流程	报警→扑灭初期火灾→关停设备→撤离→设立警戒→汇报						
重点岗位应急处置要点	流程 岗位	报警	扑灭初起火灾	关停设备	撤离	设立警戒	汇报
	发现人	报告值班干部拨打 119 报警	参与	参与	参与	参与	—
	班长	报告值班干部	组织人员	组织人员	组织人员	组织人员	—
	值班干部	项目部安全环保办公室	检查火灾原因	发出指令关停设备设施	发出指令组织人员撤离	发出指令设立警戒	续报
	安全监督	监督站	参与	—	参与	参与	续报
注意事项	(1) 及时发现和扑灭初起火灾。 (2) 及时关闭可能引发次生灾害的设备设施。 (3) 做好个人安全防护装备。 (4) 引导消防队救火。						

三、针对性处置措施

钻井现场可能发生的火灾主要有井喷火灾、油罐火灾、电气火灾、野营房火灾和食堂火灾。这些火灾在采取通用的处置措施时，还应根据其特点，采取针对性措施。

（一）井喷火灾

1. 特点

在钻井过程中往往由于勘探、设计、施工不当，操作失误，钻井液配备比重不当，设备设施缺陷等诸多原因导致发生井喷失控，大量的油气从地下喷出时，如遇到烟火、电火、火花等明火，可能发生井喷火灾。

（1）地层压力大，燃烧火焰高。油气井发生井喷火灾时，地层压力很高，从地下喷出来的油气可把地下水和沙石抛向高空几十米，甚至将钻具从井里顶出来，抛向井场。

- 98 -

喷出的油气形成燃烧的火柱，一般高达几十米。

（2）火焰温度高，辐射热度强。油气井发生井喷火灾时，火势猛烈，火焰温度可达 2020℃，钻机设备、井口装置及井架，十几分钟就可烧毁塌落，井场周围的可燃物和设备能够迅速燃烧。

（3）火焰形态变化，形态不一。在井喷火焰高温的作用下，常会出现井架塌落、井口破坏、钻具变形，这些都会改变油气流喷射的方向，同时也改变了火焰的形态。

（4）易造成大面积火灾。发生井喷火灾后，从井底喷出的原油在空中没有完全燃尽而落在井场及周围继续燃烧，形成井场上大面积的燃烧。

2. 针对性措施

（1）当听到或看到井喷爆炸时，应立即背对爆炸地点迅速卧倒，用衣物遮掩口鼻，距离爆炸中心较近的人员，在采取上述自救措施后，迅速撤离现场，防止二次爆炸伤害。

（2）井喷着火后，立即关闭通往钻台、井架和机房等处的电源，开启井控应急电源，马上组织恢复通风设备，防止有毒有害气体聚集。

（3）如有一氧化碳、硫化氢中毒者，应及时将其转移到通风良好的安全地区；如中毒人员心跳、呼吸停止，应立即进行人工心肺复苏。

（二）油罐火灾

1. 特点

钻井作业现场储油罐都是金属材质的卧式或立式柴油储罐，由于装卸油产生静电、接地不符合要求、电器线路不防爆、违章动火和吸烟等，都可能发生火灾。

（1）先爆炸后燃烧。柴油在一定温度下，能蒸发出大量油气，油气与空气混合达到一定比例时，遇到明火便会发生爆炸，爆炸时罐体被炸裂之后形成稳定的燃烧。

（2）在燃烧中爆炸。储油罐外部燃油燃烧，致使油罐内不断产生油蒸气，与空气混合浓度达到爆炸极限，因而使平稳的燃烧瞬间转为爆炸。

（3）稳定性燃烧。如果油蒸气在未与空气形成爆炸混合气体之前，遇明火燃烧时，就会迅速形成稳定的燃烧，一直将燃油烧尽。

2. 针对性措施

（1）发生爆炸时，人员第一时间撤离。

（2）发现钻井现场油罐的油管线着火，立即关闭油管线油流进出闸门。

（3）发现钻井现场油罐口着火，立即关闭油罐输出油闸门。

（4）利用钻井现场消防水泵对油罐本体进行洒水降温，防止油罐爆炸，导致更大的火灾。注意，不可用消防水泵直接将水打入油罐内，导致柴油溢出油罐形成油流火灾。

（5）油罐爆炸着火，油罐变形破裂，柴油外流，在着火油罐外围安全距离，迅速组织力量筑围堰，挖导流渠和收集坑，防止油流火扩大燃烧，造成大面积火灾。

（三）电气火灾

1. 特点

钻井作业现场电气设备较多，电力线路复杂，由于漏电、短路、过载、接地故障、接触不良、电力设备老化、误操作及雷击等，可能导致电器设备内部、电气线路、周边可燃物起火引发的火灾。

（1）隐蔽性强。由于漏电和短路通常发生在电器设备内部及电线的交叉部位，线路通常敷设在隐蔽处（如房顶、墙壁内、电缆槽），因此电气起火的最初部位是看不到的，当火灾形成、发展成大火才能看到。

（2）随机性大。电气设备分布分散，电气火灾与用电情况密切相关，当用电负荷增大时，因过电流而造成电器火灾。

（3）燃烧速度快。电气火灾发生后，大火能沿着电线燃烧，且蔓延速度很快（尤其是短路），燃烧比较猛烈，极易引燃可燃物。

（4）伴随有毒气体。电线的绝缘层大多容易燃烧，燃烧时有的还能产生有毒气体。

（5）扑救困难。电气设备和电线着火时一般是在其内部，看不到起火点，且不能用水来扑救，所以给电气火灾扑救带来困难。

2. 针对性措施

（1）发现电气火灾后，迅速关闭电源，如果带负荷切断电源时应戴绝缘手套，使用有绝缘柄的工具。

（2）扑灭电气初起火灾时，应选用绝缘性能好的干粉灭火器、二氧化碳灭火器或干燥沙子，严禁使用导电的水、泡沫灭火器等扑救。

（四）野营房火灾

1. 特点

野营房是钻井作业现场普遍使用的住宿房，由于在房间内不当使用明火、电器线路着火、不当取暖、吸烟等，可能引燃可燃物而导致野营房火灾。

（1）烟雾浓度高。野营房间相对密闭、空间小，着火后营房内装饰物、衣物、木质物在相对缺氧状况下燃烧产生浓烟，影响救火效果和人员安全。

（2）传播途径快。当一间营房着火时，房间内电缆引燃，火势通过房间进线口传出，沿房体连接电缆线、连接布等易燃物迅速扩散。

（3）灭火难度大。墙面着火燃烧面积大，墙面夹层保温材料不易扑灭，只有破拆后方能全面扑灭。

（4）燃烧特点：靠近火源且开门通风处易被引燃和烧毁严重，门窗关闭的房间即使被烧，也相对较轻。

2. 针对性措施

（1）发现初期火灾，由于火焰小、温度低、烟雾少，可采用脸盆、浸湿的被褥等物覆盖着火处灭火，或将着火物拖移出房间。

（2）如果是电器引起的火灾，未切断电源时，切不可用水直接灭火。

（3）火势较大，无法扑灭，如有条件，可使用机具将着火房间相邻的野营房移开，或用消防泵对相邻的野营房进行洒水降温，避免殃及其他房间。

（五）食堂火灾

1. 特点

食堂是用火、用电比较集中的部位，无论是燃煤灶、燃油灶、燃气灶或电磁炉，由于管理不善、操作错误、电气线路存在隐患、燃油燃气泄漏、烹饪油温过高等，都可能引发火灾。

（1）燃料多。厨房是使用明火进行作业的场所，所用的燃料一般有液化石油气、煤气、天然气、柴油等，若操作不当，很容易引起泄漏、燃烧、爆炸。

（2）油烟重。厨房长年环境比较潮湿，墙壁、烟道和抽油烟机的表面形成一定厚度的可燃物油层和粉层附物，如不及时清洗，就有引起油烟火灾的可能。

（3）电气线路隐患大。厨房的使用空间比较小，各种大型厨房设备种类繁多，用火用电设备集中，且厨房较潮湿，使用不当电气线路容易造成短路。

（4）用油不当。一是燃料用油，柴油在使用过程中，因调火、放置不当等原因很容易引起火灾；二是食用油，因油温过高起火或操作不当使热油溅出油锅碰到火源引起油锅起火，如扑救不得法就会引发火灾。

2. 针对性措施

（1）发现火灾后，迅速判明起火位置、起火性质（电器、油火、物品）和火势情况，有针对性扑救初期火灾。

(2) 如果是烹饪油锅着火，应迅速用锅盖盖住油锅，或将要炒的蔬菜倒进油锅内，切勿向着火油锅内倒水。

(3) 如食堂有液化气瓶，应果断采取措施将液化气瓶搬离火场，避免发生气瓶爆炸，使火灾事故严重化。

第六章

消防安全典型
违章隐患

本章主要收集了钻井作业现场常见的违章隐患，以图文的形式进行展示。

第一节　消防安全典型违章

石油钻井作业中，大部分消防事故由消防设施管理不善、违章动火、消防培训不到位等违章导致，本节梳理了钻井作业中常见的消防违章并提供了安全措施及图例（表6-1），指导现场员工规范消防作业行为。

表6-1　消防安全典型违章及措施

不安全行为描述	不安全图例	危害说明	安全图例	安全措施
消防设施管理不善		造成消防器材损坏		做好消防器材的管理
使用灭火器时没有先拔出销钉		不能喷吐灭火		培训员工正确使用灭火器
未建立火灾应急预案		火灾应急职责不清、程序混乱		及时建立火灾应急预案并组织演习
油罐区吸烟		可能引发油罐火灾、爆炸		在井场外下风口设置专门的吸烟点，严禁人员在井场吸烟

续表

不安全行为描述	不安全图例	危害说明	安全图例	安全措施
使用喷灯烘烤油罐或电气设施		引发油罐着火爆炸		严禁用喷灯在油罐区及电气设备旁烘烤
严禁用喷灯在油罐区及电气设备旁烘烤		电线负荷增大，引起电线着火		野营房内严禁使用大功率用电设备
野营房内使用大功率电器		导致人员烧伤		灭火器的使用人员必须站在上风口
野营房内严禁使用大功率用电设备		灭火范围较小，灭火效果低		消防泵在应急状态下，必须连一根水龙带和消防枪头
使用灭火器站在下风口		不能满足现场灭火要求		在现场要配备足够型号的防火罩
消防泵处无消防枪头		消防泵无法启动		做好消防泵的维护，加满油

续表

不安全行为描述	不安全图例	危害说明	安全图例	安全措施
未对清洗过的油桶进行割焊作业，现场无应急措施		会发生油桶爆炸，伤人		在对油桶进行割焊前，及时清理油污
在油罐区接打电话		存在静电，可能引起油气着火		严禁人员将手机带入井场，防止在油品区产生静电，造成火灾
消防桶配备不足		不能及时灭火		消防桶配备8个
私自动用消防水龙带		造成消防水龙带的损坏		消防水龙带严禁挪用
消防枪头卫生差且破损		无法使用，延误灭火		更换消防枪头

续表

不安全行为描述	不安全图例	危害说明	安全图例	安全措施
灭火器每月不能按照要求检查打卡		不能及时发现隐患		及时进行检查打卡
未能按时进行消防演习		人员的应急能力缺乏，不能及时灭火		进行应急演习，进行评比并记录
消防档案未建立		管理缺陷，消防应急的综合能力减弱		及时完善好防火档案
消防锹挪作他用		造成消防器材损坏		消防锹不能挪作他用
消防枪头配备数量不足		不能满足灭火要求		将枪头配足

续表

不安全行为描述	不安全图例	危害说明	安全图例	安全措施
随意动用灭火器，改变待命可用状态		造成灭火时使用不当		定期检查，确保灭火处于待命可用状态
消防室门前有杂物		取用消防器材不便		消防室门前无杂物
动火作业未开作业许可		私自动火造成火灾		按要求开好作业许可
临时动电作业未开作业许可		私自动电可能造成触电伤害		临时动电必须开作业许可
动火作业无专人监护		发生火灾无人员应急		动火作业必须有专人监护

不安全行为描述	不安全图例	危害说明	安全图例	安全措施
动火作业现场无灭火器		发生火灾耽误灭火时间		作业现场附近必须配备灭火器，并有专人监护
割焊带油污的管线		切割时油污着火，烧伤人员		必须将油污清理干净
打开油气层在距井口30m内动火		有发生火灾的可能		打开油气层后的动火，一定要远离井口30m外，且措施到位
点喷灯时正对着人		可能烧伤人		电喷灯时人站在侧面
在油罐区动火		会发生油品燃烧		动火时远离易燃易爆物

续表

不安全行为描述	不安全图例	危害说明	安全图例	安全措施
喷灯完理面 加油不表面		可能引起着火		将表面的油污清理干净
消防毛毡配备不足		不能及时灭火		消防毛毡配备10条
消防斧配备不足		不能及时应急灭火		消防斧配备2把
消防锹配备不足		不能及时应急灭火		消防锹配备6把
消防钩配备不足		不能及时应急灭火		消防钩配备2把

不安全行为描述	不安全图例	危害说明	安全图例	安全措施
消防水龙带无胶皮垫		灭火时漏水		消防水龙带必须配齐胶皮垫
35kg 灭火器配备不足		灭火时不能满足灭火要求		35kg 灭火器配备 4 具
将消防器材挪作他用，且没有清理干净		造成消防器材损坏		消防器材严禁挪作他用
接头、工具等物件放置时碾压电缆		造成电缆外皮损坏、打火		电缆铺设时应架高或掩埋，人员作业时一定要注意防止碾压电缆
周检查中接地电阻检查未落实		接地电阻过高人员触电伤害		必须按要求检查接地电阻，接地电阻过高的一定要浇盐水或进行除锈

续表

不安全行为描述	不安全图例	危害说明	安全图例	安全措施
检查灭火器的检查未落实		失效的灭火器可能存在失效的灭火箱		必须严格按照要求进行灭火器的检查
进入井场的员工未穿防静电工作服		产生静电		员工必须穿防静电工作服
氧气、乙炔瓶的距离小于10 m		使用中可能因气体泄漏造成火灾		氧气、乙炔瓶的距离必须大于10 m
乙炔瓶在使用中未安装止火阀		管线回火导致瓶体爆炸		乙炔瓶在使用中必须安装止火阀
乙炔在使用完后未关闭阀门		可能导致气体泄漏		使用完乙炔后必须关闭阀门防止气体泄漏

续表

不安全行为描述	不安全图例	危害说明	安全图例	安全措施
安装无线仪器电池时，未使用防爆筒		电池爆炸伤人		安装拆卸时一定要使用防爆筒
电池存放时无绝缘帽		造成电池放电或短路，电池爆炸		电池存放时一定要带好方绝缘帽
电器开关未接漏电保护器		在漏电情况下起不到保护作用，可能引起设备损伤或人员触电		电器控制电路上一定要接漏电保护器
消防泵旁边放东西影响消防通道		消防泵起不到应急作用		消防泵周围严禁放东西影响消防通道

第二节 消防安全典型隐患

石油钻井作业中，大部分消防事故由消防设施缺陷、消防应急通道不畅、电气防爆失效等隐患导致，本节梳理了钻井作业中常见的消防隐患并提供了整改方法及图例（表6-2），指导现场员工正确检查，识别隐患，及时消除消防事故隐患。

表6-2 消防安全典型隐患及整改方法

隐患描述	图例	后果说明	安全图例	整改方法
灭火器喷管龟裂		使用时从胶管处刺漏		用胶带将龟裂处缠好
二氧化碳灭火器处未配置防冻手套		导致手部冻伤		放置好棉手套
灭火器无防护措施，露天存放		易造成灭火器先期损坏		配备专用消防箱，放置在消防箱内
消防泵无法启动		不能及时供水		按要求检查消防泵，保证好用

续表

隐患描述	图例	后果说明	安全图例	整改方法
消防泵进水管线连接不牢靠、不密封		有可能脱落，影响消防供水		消防泵进水管线连接可靠，无松动、漏水
消防器材房门上锁		取用时间加长，灭火时机延误		消防器材房门不能上锁
干粉灭火器压力指示表指针指在红色区域		压力不足，喷射距离短，灭火效果差		保证在压力范围之内，黄色区域为超压，红色区域为欠压，绿色区域为正常
油罐电机室电器设施不防爆		有可能发生油气火灾		油罐电机室电器设施要防爆
汽油和易燃物混放		有可能发生火灾		汽油等易燃油料放置在指定区域，不得和易燃物混放

续表

隐患描述	图例	后果说明	安全图例	整改方法
消防水带接头快速接型号不匹配		无法快速安装		快速接头型号要匹配
消防沙小于4m³		不能满足灭火需求		消防沙要大于4m³
二氧化碳灭火器质量小于标准的95%		灭火能力减弱		二氧化碳灭火器质量不小于标准的95%
灭火器瓶底锈蚀严重		导致压力泄漏，严重时发生爆炸伤人		灭火器瓶底不能有锈蚀，可能会影响瓶体承压
消防泵供水管线不是常开		应急时不能及时打开或打不开，延误供水		消防泵供水管线阀门必须常开，确保及时供水

续表

隐患描述	图例	后果说明	安全图例	整改方法
灭火器摆放位置不合理,不便于取放		不便于取用灭火器		灭火器摆放在门口,便于取放
消防水龙带存放和盘数不符合要求		灭火距离、范围小		消防水龙带盘数为5盘,大于100m
水龙带快速接头密封垫缺失		使用时漏水,水压不足,喷射距离短		及时将密封垫补齐
消防室摆放凌乱		不便取用,绊脚、伤人		消防室摆放整齐
灭火器没有检查卡		灭火器隐患不能及时发现整改		灭火器一定要按时检查,干粉灭火器观察压力,二氧化碳灭火器称重

续表

隐患描述	图例	后果说明	安全图例	整改方法
二氧化碳喷管松动		气体刺漏而冻伤人体		二氧化碳喷管螺栓紧固
钻井液池或井口存在油污		成为着火源,易发火灾		及时清理油污
漏电保护器不起作用		电路着火起不到保护作用,发生火灾		漏电保护器要确保良好
消防器材距油罐的距离不满足要求		出现险情,不能及时取到消防器材,延误灭火		消防器材距油罐的距离大于5m,小于10m
应急灯失效		出现火灾时,人员不能迅速逃生,增大人员伤害风险		更换应急灯,保证停电时灯亮

续表

隐患描述	图例	后果说明	安全图例	整改方法
水罐没有消防栓		无法快速接水龙带，延误供水，火势加大		应确保水罐处有消防栓，保证及时供水
消防铁锹破损		棱角割手产生伤害		更换好的消防锹
电缆线浸泡在水中		造成漏电，烧毁设备		将电缆线从水中拉起
油罐区法兰之间未连接		油品的静电无法转移，造成火灾		在法兰之间用电缆连接
消防桶挪作他用		灭火时不能使用		消防器材不能挪作他用

续表

隐患描述	图例	后果说明	安全图例	整改方法
大门口未放置防火罩		车辆进入造成火灾		在门口配备各种型号防火罩
井场外未设置吸烟点		人员在井场外乱吸烟		设置专门的吸烟点
灭火器消防管用细线捆扎		不能及时拉开消防管		将消防管盘好，便于拉开
电缆线上龟裂		造成短路		包好加固
二氧化碳灭火器未放置棉手套		造成人员手部冻伤		放置棉手套，使用时带好棉手套

续表

隐患描述	图例	后果说明	安全图例	整改方法
进线口不密封		不防爆		用玻璃胶进行密封
防爆开关面板螺栓未上紧		不防爆		将所有螺栓上紧
使用喷灯时喷灯侧放		可能造成漏油,使喷灯着火		使用喷灯时必须直立使用
录井上的设备未关门		漏电造成打火		在井场内的电器设备必须将门关好
电路控制开关存在一拖二的现象		功率过大烧毁开关,或是人员触电		现场控制开关必须一对一控制

续表

隐患描述	图例	后果说明	安全图例	整改方法
人员离开未关电褥子		电褥子着火		宿舍内的用电设备必须人走关闭
做完实验，实验仪器未关闭电源		长时间供电，造成短路着火		做完实验，仪器应该断电清理
电缆线与循环座罐底存在摩擦		容易磨坏电缆外皮		电缆与设备棱角处必须加垫胶皮
房子内开关破损		存在打火的可能		及时跟换开关并做好防护
进出电缆无防磨措施		胶皮破损造成短路着火		加垫胶皮

隐患描述	图例	后果说明	安全图例	整改方法
电器设备的接地电阻大于4Ω		存在设备负荷过重短路着火的风险		必须保证电器设备的接地电阻值小于4Ω
电控柜不关柜门		造成短路打火		电控柜柜门必须关闭
电缆线浸泡在油污中		油污腐蚀造成电缆线损坏，短路打火		及时将电缆线架起，清理油污
电器开关手柄绝缘损坏		造成短路		更换绝缘的手柄
消防器材未进行挂牌管理		使得消防器材管理混乱		消防器材进行挂牌管理，明确数量

续表

隐患描述	图例	后果说明	安全图例	整改方法
移动电器没有接地		造成人员触电		移动的电器接地,防止人员触电

第七章

作业现场典型火灾爆炸事故案例

钻探行业，各类火灾事故不计其数，本章从井喷着火、动火作业着火、电气着火、设备爆炸等方面选取了 10 例典型案例，描述了过程，分析了原因，供读者对照学习。

案例一："4·12"井喷处置不当致井架烧毁。

（1）事故经过：

2013 年 4 月 12 日，某钻井队在某井钻至水平段时，井口突然喷出大量油气，并夹带石子敲击出火花，随即闪爆，导致井架烧毁倒塌。

图 7−1 为"4·12"井喷处置不当致井架烧毁事故现场。

图 7−1　事故现场照片

（2）原因分析：

①目的层伴生气浓度高，进入水平段气侵严重。

②临井注水井未停注泄压，地层压力高，钻井液密度低不能平衡地层压力，造成溢流，伴生气随钻井液上返到井口。

③进入目的层施工无人坐岗，发生溢流时未及时发现并迅速关井，最终失控。

④伴生气从井口喷出夹带沙石敲击井架打出火花。

⑤井控设备不起作用，险情发生时不能控制井口。

（3）"4·12"井喷处置不当致井架烧毁事故为什么树分析如图 7−2 所示。

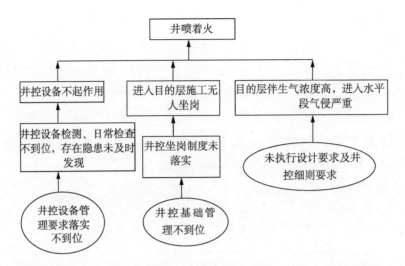

图 7-2 "4·12"井喷处置不当致井架烧毁事故为什么树分析图

案例二："8·10"井喷处置不当致井架烧毁。

（1）事故经过：

2014 年 8 月 10 日某井队进行下套管作业，下至 100m 左右时井队不慎将钢丝刷掉落井内，起套管取出后继续下套管。8 月 11 日，剩 55 根时套管遇卡，处理正常后继续下套管；8 月 11 日 13 时下完套管循环，入口钻井液密度为 1.16 g/cm³，出口钻井液密度 1.14 g/cm³，停泵后出口钻井液返出量大，钻井液中有少量油花，钻井队要求固井队准备固井，因溢流量大，地层未压稳，要求钻井队压稳地层后方可固井。8 月 11 日 21 时许，在套管下完进行第二周循环钻井液期间，坐岗工发现振动筛处有电缆出现打火，随上前进行检查。当坐岗工到达距离振动筛出口 3m 左右时，电缆第二次出现打火着火，出口油气混合物发生闪爆，引发直径 1m 左右的大火球，坐岗工立即撤离。现场实施关井后火焰自放喷管线喷出，因刮风将火焰吹向井架方向，所有人员撤离。23:00 左右井架立柱从二层台弯曲掉落。8 月 12 日 5:30 左右井架倒塌，事故中无人员伤亡。

图 7-3 为 "8·10" 井喷处置不当至井架烧毁事故现场。

（2）原因分析：

①下套管时间长，将近 25h（下至 100m 左右钢丝刷掉落井内，起套管取出后继续下套管；下至剩 55 根套管时发生遇阻处理）。

②固井前钻井液进出口密度差不符合井控要求（入口时为 1.16g/cm³、出口时为 1.14g/cm³），停泵后出口不断流返，出量大、有油花，而钻井队要求进行固井施工作业。

③井口 30m 以内使用不防爆电器或 30m 内电缆接头未连接、包扎好，或电缆存在老化、破损情况，导致电缆打火，造成油气闪爆。

④放喷管线出口与井口距离太近，未达到井控细则要求的 50m 距离。

图 7—3　事故现场照片

（3）"8·10"井喷处置不当致井架烧毁事故为什么树分析如图 7—4 所示。

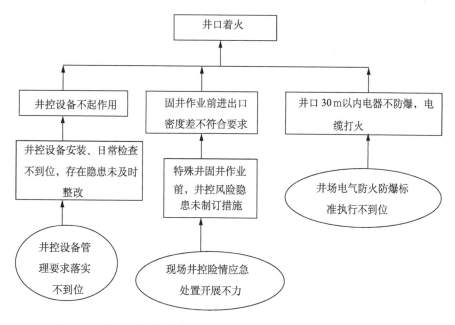

图 7—4　"8·10"井喷处置不当致井架烧毁事故为什么树分析图

案例三：喷灯使用不当致员工烧伤。

（1）事故经过：

2005 年 10 月 28 日，某钻井队进行下钻作业。司机李某启动 3# 柴油机跑温，副司钻刘某准备挂 2# 泵循环钻井液，发现继气器冻结，于是李某就和井架工潘某一起，在未履行动火手续的情况下用喷灯烤继气器，李某打开喷油头阀门发现喷嘴间歇性喷出火苗，判断喷油嘴堵塞，潘某用手钳子从钢丝刷上拔下一根钢丝，蹲下身子捅喷油嘴，李某在给喷灯打气的过程中压翻了喷灯，喷灯正好倒向蹲在右边捅喷油嘴的潘某，喷油嘴喷出油雾射在潘某颈部衣领上并着火，导致潘某手部、颈部烧伤。

（2）原因分析：

①违反喷灯使用规程，在喷灯工作时，潘某用钢丝捅喷油嘴。

②李某给喷灯打气时，操作鲁莽，压翻了喷灯。

③动火作业未执行许可制度。

（3）喷灯使用不当致员工烧伤事故为什么树分析如图 7-5 所示。

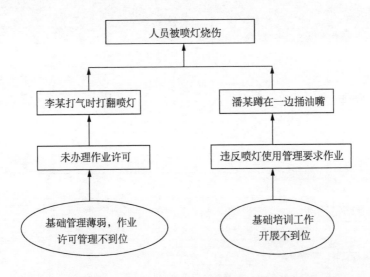

图 7-5　喷灯使用不当致员工烧伤事故为什么树分析图

案例四：航空接头着火。

（1）事故经过：

2014 年 4 月 27 日 7:20，某钻井队四名员工在某新型野营房休息，司钻李某闻到烟味，看到有火花和烟从房顶角落处冒出，立即拉掉房内电闸，并叫房内休息的其他三人离开房间，同时在食堂吃饭的大班司钻田某听到噼里啪啦的声音，看到野营房三相五极插头冒火花和浓烟,迅速从驻地跑到井场(相距约120m)叫来电工拉下驻地配电柜电源总开关。经检查营房三相五极插座和插头烧毁,房内主电缆和房间分线烧坏。

图7-6为营房航空插头着火事故现场。

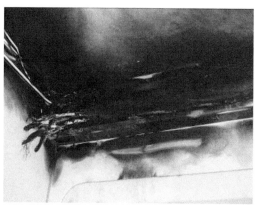

图7-6 营房航空插头处着火事故现场

(2)原因分析:

①营房三相五极插头A和B两根相线短路,产生电弧,热量瞬间集中,烧毁插座和插头。

②三相五极插座及插头相线短路后,营地电控柜开关过载,漏电保护未起作用,营地控制柜过载保护装置未起作用。

③线缆压接错误。部分主线缆近一半铜丝未压入接线柱,而分线却全部压入,主线缆截面积变小,导致电线发热,长时间电线胶皮和接线柱固定胶木座炭化,绝缘失效。

④接线柱与线头压制不规范。大量外露铜线直接用防水胶布缠绕在接线柱上,存在胶布破损铜丝外露搭铁、短路风险。

⑤接线柱与电线压制连接松动或插头没插到位,锁扣未拧紧、松动,接触不良,导致接线柱、电线打火发热。

(3)航空插头着火事故为什么树分析如图7-7所示。

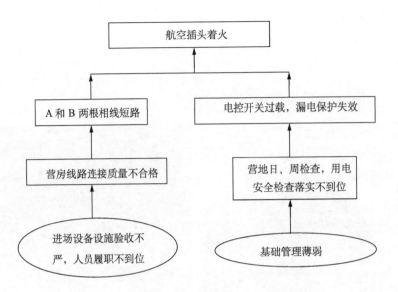

图 7-7　航空插头着火事故为什么树分析图

案例五：发电房着火。

（1）事故经过：

2012 年 3 月 3 日凌晨，在某钻井队井场发电房，配电柜接线处松动、打火，引起发电房着火，造成设备烧毁，一人右手拇指及食指根部轻微烫伤的火灾事故。

图 7-8 为发电房着火事故现场。

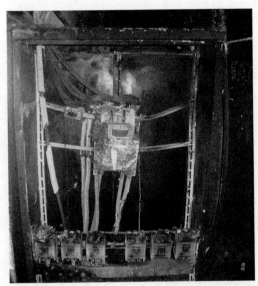

图 7-8　事故现场照片

（2）原因分析：

①发电房配电柜电缆接线处松动，在风力作用下摆动打火。

②发现初期火情时处置不当，使火势加大。

③设备启动前安全检查执行不到位，没有发现电控柜接线桩松动隐患。

④日常防火教育不到位，紧急处置知识不足。

（3）发电房着火事故为什么树分析如图7-9所示。

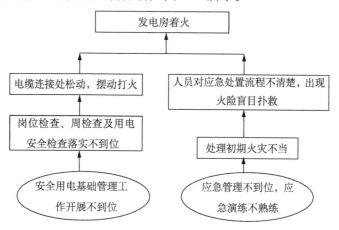

图7-9　发电房着火事故为什么树分析图

案例六：电弧灼伤。

（1）事故经过：

某钻井队在进行电路检修作业时，大班电工左某将振动筛控制柜电源三相四线制航空插头拔下，交给副司钻马某，马某左手拿插头，右手握在距离插头约10cm的线缆上，呈弯腰姿势配合。左某下蹲，双手持万用表笔开始测量插头相电压，测U-V相电压380V，为正常值，随后测V-W相电压，测量过程中测量笔两个笔头接触短路打火，产生的电弧造成电工左某脸部熏黑，双手大拇指灼伤。

（2）原因分析：

①左某在进行测量时，测量笔两个笔头接触短路打火。

②左某在进行测量时，未对循环罐及固控设备区域的电路进行切断隔离。

③电弧灼伤事故为什么树分析如图7-10所示。

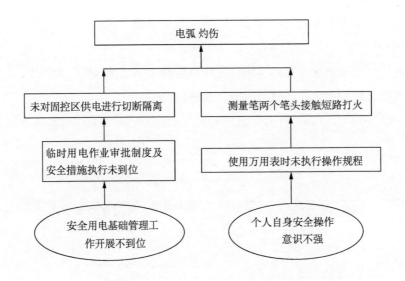

图 7-10 电弧灼伤事故为什么树分析图

案例七：离心机爆炸着火致设备爆裂人员受伤。

（1）事故经过：

某钻井队在处理钻井液作业过程中，卧式高速离心机突然出现急剧振动，同时伴有撞击声，作业人员准备切断电源时，高速离心机突然爆裂破碎，飞出的碎片将一名员工击伤，高速离心机内部着火。

（2）原因分析：

①钻井液发生气侵，钻井液中含有大量的硫化氢等可燃物，且钻井液净化处理未按要求使用除气器。

②该卧式离心机在现场已使用 10 年，铸造转鼓上脱落下来的铸片和螺旋推进器上磨损脱落下的叶片，在离心机内高速旋转运动，产生高温火花。

（3）离心机爆炸着火致设备爆裂人员受伤事故为什么树分析如图 7-11 所示。

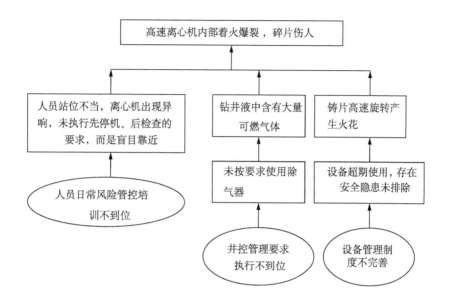

图 7-11　离心机爆炸着火致设备爆裂人员受伤事故为什么树分析图

案例八：违规使用劣质电热毯致烧损营房。

（1）事故经过：

某年冬季，某钻井队员工由于营房暖气不太好，晚上睡觉插电热毯，早晨起床后因急急忙忙上班，忘记关电热毯电源。早晨8：00左右，服务员在打扫卫生时发现其所住野营房门缝里往外冒烟就急忙打开房门，房内烟雾满门冲出，房间火焰随即升起，随后赶来的书记立即切断电源并组织营地未上班的员工进行灭火。扑灭后清点物品，床垫、被褥全部被烧毁，所幸未造成其他贵重物品及电器被烧毁。

（2）原因分析：

①杨某用电安全意识差、粗心大意，人离开房间不关电源是火灾事故发生的根本原因。

②杨某使用的电热毯属"三无产品"，长期用电使用，内部电路老化致使发热，引燃电热毯。

（3）违规使用劣质电热毯致烧损营房事故为什么树分析如图7-12所示。

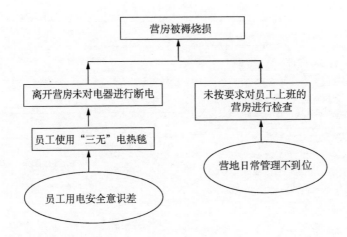

图7-12 违规使用劣质电热毯致烧损营房事故为什么树分析图

案例九：不当使用蜡烛照明致烧损营房。

（1）事故经过：

2013年7月某日夜里，某钻井队在搬迁到新井后，由于发电机未到，一名员工使用蜡烛进行照明，由于搬迁疲倦，躺在床上休息的时候睡着了。半夜，该员工突然被浓烟呛醒，立即跑出着火的营房，大声呼救，随后被其他赶来的员工协助扑灭营房内部的火苗。检查发现，该员工睡着后，蜡烛点完并引燃床头柜，造成营房内床头柜、空调烧毁，天花板熏黑。

（2）原因分析：

①该员工在睡觉前未熄灭蜡烛，是火灾发生的直接原因。

②该员工直接将蜡烛放在木质床头柜上照明，是火灾发生的间接原因。

③干部未执行夜查制度是火灾发生的管理原因。

（3）不当使用蜡烛照明致烧损营房事故为什么树分析如图7-13所示。

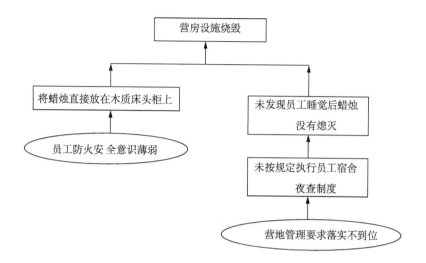

图7-13　不当使用蜡烛照明致烧损营房事故为什么树分析图

案例十：动土作业推裂输油管线引发火灾事故。

（1）事故经过：

某年10月，某单位在完井恢复地貌的过程中，推土机将单井输油管线推裂，引发火灾事故，致一人死亡。

（2）原因分析：

①直接原因：装载机司机在进行地貌恢复作业过程中推断输油管线，造成输油管线原油及伴生气急剧泄漏，被装载机排气管引燃，发生闪爆，装载机司机在逃生时碰撞在下护板上死亡。

②间接原因：一是施工人员在作业过程中未见输油管线走向明显标识进行作业；二是建设单位在布设输油管线和投产后，未按要求进行下埋输油管线标识。

③管理原因：一是在进行地貌恢复作业过程中，对井场存在的风险识别不够；二是规章制度存在漏洞，管理措施制定不严禁，在多次进行井场地貌恢复作业过程中，制定的作业计划书均未提示相关风险；三是监督管理不到位，在进行地貌恢复的作业过程中，对于作业现场的风险辨识不到位，管控措施落实不力。

（3）动土作业推裂输油管线引发火灾事故为什么树分析如图7-14所示。

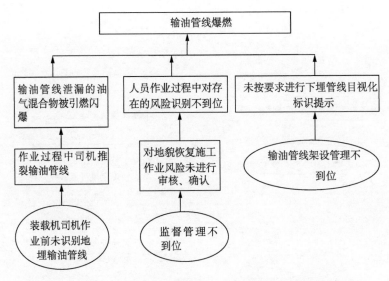

图 7-14 动土作业推裂输油管线引发火灾事故为什么树分析图

附　录

附录一　钻井现场防火防爆风险区域及消防器材摆放布局图

钻井现场防火防爆风险区域及消防器材摆放布局如附图 1-1 所示。

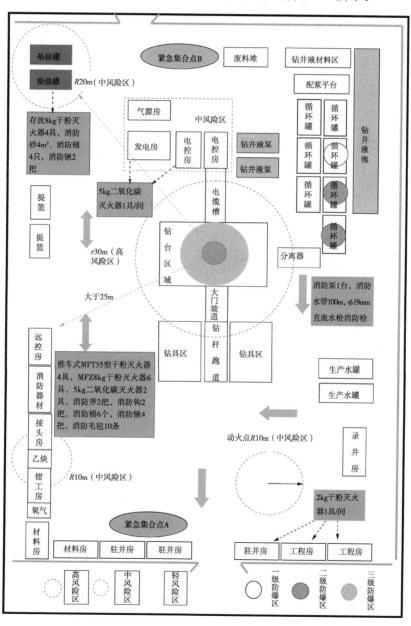

附图 1-1　钻井现场防火防爆风险区域及消防器材摆放布局图

附录二 消防安全相关法律法规及标准

消防安全相关法律法规及标准见附表2-1至表2-4。

附表2-1 消防安全相关法律法规清单

序号	名称	实施时间	备注
1	中华人民共和国消防法	2009年5月1日	
2	中华人民共和国森林法	1985年1月1日	
3	中华人民共和国草原法	2003年3月1日	
4	草原防火条例	2009年1月1日	
5	森林防火条例	2009年1月1日	
6	火灾事故调查规定	2009年5月1日	
7	中华人民共和国森林法实施条例	2000年1月29日	
8	建设工程消防监督管理规定	2009年5月1日	
9	机关、团体、企业、事业单位消防安全管理规定	2002年5月1日	
10	仓库防火安全管理规则	1990年04月10日	
11	消防监督检查规定	2009年5月1日	
12	公安部关于对部分消防产品实施型式认可管理制度的通知	2001年6月28日	
13	关于部分消防产品实施强制性产品认证的公告	2014年9月1日	
14	消防产品监督管理规定	2013年1月1日	

附表2-2 消防安全国家标准、规范清单

序号	名称	标准号	
1	建筑灭火器配置验收及检查规范	GB 50444—2008	
2	建筑灭火器配置设计规范	GB 50140—2005	
3	建筑设计防火规范	GB 50016—2014	
4	手提式灭火器 第1部分：性能和结构要求	GB 4351.1—2005	
5	手提式灭火器 第2部分：手提式二氧化碳灭火器钢质无缝瓶体的要求	GB 4351.2—2005	

序号	名称	标准号	
6	消防泵	GB 6245—2006	
7	推车式灭火器	GB 8109—2005	
8	手提式灭火器　第3部分：检验细则	GB/T 4351.3—2005	
9	消防吸水胶管	GB 6969—2005	
10	消防接口　第1部分：消防接口通用技术条件	GB 12514.1—2005	
11	消防接口　第2部分：内扣式消防接口型式和基本参数	GB 12514.2—2006	
12	消防接口　第3部分：卡式消防接口型式和基本参数	GB 12514.3—2006	
13	消防接口　第4部分：螺纹式消防接口型式和基本参数	GB 12514.4—2006	
14	机动车排气火花熄灭器	GB 13365—2005	
15	消防水泵接合器	GB 3446—2013	
16	石油天然气工程设计防火规范	GB 50183—2004	
17	阻燃和耐火电线电缆通则	GB/T 19666—2005	
18	爆炸性环境　第1部分：设备　通用要求	GB 3836.1—2010	
19	潜油电泵装置的安装	GB/T 17388—2010	
20	干粉灭火剂　第1部分：BC干粉灭火剂	GB 4066.1—2004	
21	干粉灭火剂　第2部分：ABC干粉灭火剂	GB 4066.2—2004	
22	二氧化碳灭火剂	GB 4396—2005	
23	消防软管卷盘	GB 15090—2005	
24	室内消火栓	GB 3445—2005	
25	消防水枪	GB 8181—2005	
26	火灾分类	GB/T 4968—2008	
27	危险场所电气防爆安全规范	AQ 3009—2007	
28	消防斧	GA138—1996	
29	防静电服	GB 12014—2009	
30	建设工程施工现场消防安全技术规范	GB 50720—2011	
31	消防安全标志　第1部分：标志	GB 13495.1—2015	
32	消防应急照明和疏散指示系统	GB 17945—2010	

续表

序号	名称	标准号	
33	灭火器维修	GA 95—2015	
34	消防安全标志设置要求	GB 15630—1995	
35	室外消火栓	GB 4452—2011	
36	消火栓箱	GB/T 14561—2003	

注：标准应以最新版本为当前有效版本。

附表 2-3   消防安全行业和企业标准、规范清单

序号	名称	标准号	
1	防止静电、雷电和杂散电流引燃的措施	SY/T 6319—2016	
2	石油工业电焊焊接作业安全规程	SY/T 6516—2010	
3	易燃或可燃液体移动罐的清洗	SY/T 6306—2003	
4	石油天然气钻井、开发、储运防火防爆安全生产技术规程	SY/T 5225—2012	

注：标准应以最新版本为当前有效版本。

附录 2-4   消防应急管理使用的法律、法规及标准清单

序号	名称	版本信息	
1	中华人民共和国突发事件应对法	中华人民共和国主席令第69号	
2	突发事件应急预案管理办法	国办发〔2013〕101号	
3	生产安全事故应急预案管理办法	国家安全生产监督管理总局第88令	
4	中国石油天然气集团公司安全生产应急管理办法	中油安〔2015〕175号	
5	生产经营单位生产安全事故应急预案编制导则	GB/T 29639—2013	

注：标准应以最新版本为当前有效版本。

附录三　钻井作业现场防火防爆风险及管控清单

钻井作业现场防火防爆风险及管控清单。

附表 3-1　钻井作业现场防火防爆风险及管控清单

序号	作业项目	危险源及风险	控制措施
1	用电	用电设备故障或电气线路老化、破皮，造成短路或引燃周围可燃物	(1) 电气线路采用 YCW 和 YZW 耐油耐气候型电缆线。 (2) 加强电气线路日常巡查，长期未运行的电气设备，先空载试运行，防止内部潮湿或绝缘下降。 (3) 电气线路周围不得堆放易燃物
2		电气设备过载或长时间欠压运行，导致线路温度升高，散热不良，长时间的过热导致电缆起火或引燃周围可燃物	(1) 根据设备功率合理带载，有条件的及时倒换设备运行，尽量避免长时间满负荷、超负荷运行。 (2) 电机运行工作电压不低于 95% 额定电压的要求。 (3) 保持设备良好通风。 (4) 线路中安装过载热保护器，根据设备功率设置参数。 (5) 电气设备周围不得堆放杂物及易燃物，地面不得有油污
3		漏电保护器失效，线路故障不能及时切断引发火灾	定期检查测试漏电保护器的有效性，并检查漏电保护器的参数设置是否可靠
4		线径与功率不匹配，违规使用大功率电器超过线路负荷，造成线路起火或引燃周围可燃物	(1) 导线的截面积应根据载荷选取，并留取裕量，导线的长期允许载流量不应小于电机额定电流的 1.25 倍。 (2) 严禁违规使用大功率超过线路负荷的电器
5		人长时间离开用电区域不断电或不巡检，电气设备或电机堵转、带故障运行，引发火灾（如排污泵未浸泡在液体中，无冷却措施，造成烧毁、短路）	(1) 加强电气设备的日常巡回检查。 (2) 确保电气线路保护装置的有效性
6		电子加热装置、伴热带引燃可燃物	(1) 电子加热装置周围不得堆放易燃物，不得有油污；油罐内电加热棒要定期检测完好性。 (2) 伴热带终端采用防爆终端，中间分线时采取防爆分线盒。 (3) 按照使用说明书缠绕伴热带，并做好防护，防止挤压、切割

序号	作业项目	危险源及风险	控制措施
7	电气焊切割	机械撞击、挤压、棱角切割,造成电气线路破损、短路引发火灾	(1) 地埋线做好标识,防止挖掘造成损坏。 (2) 敷设电线时,棱角处加垫胶皮,防止割伤
8		线路接头接触不良导致电阻增大,发热起火	(1) 电线接头处铰接牢靠,一般绕线圈数不少于5圈,并尽量减少接头处的受力。 (2) 分别采用防水和耐火胶布包扎严实
9		电气设备、电控柜不防爆,电器元件触头打火,引燃易燃易爆气体	(1) 现场设备采用防爆分区标准配备防爆设备,并做好防爆设备的日常检查和维护,避免防爆失效。 (2) 采用正压防爆的设备设施或区域,要保证通气正常
10		氧气、乙炔瓶未安装回火防止器,管线回火引发火灾爆炸	作业时,氧气、乙炔瓶必须安装回火防止器
11		氧气瓶、乙炔瓶、动火点三者之间距离过近	氧气瓶、乙炔瓶、动火点三者之间距离≥10m
12		动火点周围有可燃物,引发火灾或爆炸	(1) 焊接作业时应清除动火区域周围5m之内的可燃物质或用阻燃物品隔离(包括上下左右四周)。 (2) 动火点配备灭火器材
13		乙炔瓶放倒使用,丙酮沉入减压阀、皮管等阻塞乙炔气通路,产生回火引发火灾爆炸	乙炔瓶体严禁放倒,在存放、使用时,保持直立状态
14		打开油气层后,作业现场动火,可能引燃可燃气体,造成火灾爆炸	使用电气焊作业,严格按照动火作业安全管理规范办理相关手续,落实防火防爆措施
15		作业人员不具备能力,操作失误引发火灾爆炸	动用电气焊作业人员,必须持有特种作业操作证且具备相应的能力
16		焊接件、切割件高温热传导,引燃与其接触的可燃物,造成火灾	焊接、切割的物体周围不得有易燃易爆物
17		电焊火花或焊渣飞溅、洒落在可燃物上,引发火灾爆炸	(1) 及时清理周围可燃物,在钻台等较高位置作业时,应对作业下方的可燃物进行清理或采用耐火毛毡进行隔离。 (2) 遇有五级以上(含五级)大风不应进行高处动火作业,遇有六级以上(含六级)大风不应进行地面动火作业

续表

序号	作业项目	危险源及风险	控制措施
18	电气焊切割	电气焊切割作业留下的高温物体或焊渣，引燃可燃物	作业后，及时清理现场，不得将焊渣等直接倒入垃圾堆
19		电焊机、等离子切割机周围堆放易燃物，漏电引发火灾	电焊机、等离子切割机周围不得存放易燃易爆物
20		电焊机、等离子切割机软线拖拉硬拽、车辆碾压、绝缘破坏造成短路引发火灾	（1）电焊机、等离子切割机电线不得强拉硬拽，更不能让车辆碾压。 （2）使用前要全面检查电焊线
21		乙炔管线龟裂漏气，遇明火或火花引发火灾	定期检查乙炔管线，并一同检查与其配套使用的氧气管线，发现龟裂，立即更换
22	使用喷灯	在可燃物场所使用喷灯，引发火灾爆炸	（1）使用喷灯时，及时清理周围可燃物。 （2）作业地点配备灭火器材
23		烘烤油箱、盛油容器、油管线本体、闸门，引燃油料造成火灾爆炸	喷灯不得用来烘烤油箱等可能引燃油料的物体
24		喷灯加油、点火、清理喷嘴时，操作不当，引燃人员衣物或引发火灾爆炸	（1）严格喷灯操作规程操作。 （2）加强喷灯管理，专人保管，使用人员必须经过培训，具备能力
25		井场使用喷灯，可能引燃可燃气体，造成火灾爆炸	需要使用明火时，严格按照动火作业安全管理规范办理相关手续，落实防火防爆措施
26	卸油	车辆未使用防火罩，火星引燃油气引发火灾爆炸	车辆必须安装防火罩
27		静电未释放，引燃油气引发火灾爆炸	（1）卸油区设置静电释放桩子，卸油时，将车体与静电释放桩有效连接。 （2）作业人员穿戴"防静电"劳保护具
28	工艺施工	打开油气层后，车辆、柴油机排气管火星引燃可燃气体，造成火灾爆炸	（1）发电房与井口相距≥30m。 （2）车辆进入作业现场必须配备防火装置。 （3）柴油机排气管无破损、无积炭，安装具有冷却灭火功能装置
29		作业现场动火，可能引燃可燃气体，造成火灾爆炸	（1）井口有可燃气体时，禁止铁器敲（撞）击等能产生火花的行为。 （2）需要使用明火及动用电气焊，严格按照动火作业安全管理规范办理相关手续，落实防火防爆措施。 （3）井场严禁吸烟，人员进入现场不允许携带火种
30		放喷时点火，点燃周围可燃物、植物等引发火灾	（1）林区作业，井场周围设置防火墙或防火隔离带。 （2）关井或压井过程中，地层流体为气体时，应及时在防喷口点火

序号	作业项目	危险源及风险	控制措施
31	物料储存	危化品、可燃物混放，混合蒸气引发火灾爆炸，或在处理火灾时因灭火方式不同引发次生爆炸	危化品、可燃物不得混放，同库房存放时（氧气、乙炔瓶不能同库房存放），必须保持间距或设置隔离装置
32		汽油、柴油等油料露天存放，太阳直射或油蒸气遇到明火或其他电火花引发火灾爆炸	（1）所有油料不得露天暴晒，汽油、柴油存放区严禁烟火。 （2）油料存放区的电气设备采用防爆设备
33		油料区动用明火、吸烟、焚烧物料引发火灾	油料区严禁烟火
34		车辆、柴油机排气管火星洒落在油罐区，引发火灾爆炸	（1）发电房、机房与油罐距离 ≥ 20m。 （2）柴油机排气管不面向油罐、无破损、无积炭，安装具有冷却灭火功能装置
35		MWD定向仪器电池存放不当，引发火灾爆炸	MWD电池必须放置在原包装箱中存放，同时，存放的库房不得放置易燃物
36		雷击造成油罐、VFD房、库房起火，引发火灾爆炸	作业现场做好防雷接地，安装好防雷装置
37	日常生活	乱扔烟头、卧床吸烟引发火灾	严禁卧床吸烟，烟头必须熄灭后放在烟灰缸中，不得直接扔入垃圾桶
38		私拉乱接电线，引发火灾	加强用电管理，不得私拉乱接电线
39		食堂操作间油锅过热引发火灾	加强对物业人员消防灭火知识的培训，油锅起火后及时扑灭，避免引发火灾
40		未完全熄灭的燃料随意倾倒引发火灾	煤渣等必须采用水浇灭，确认无火星、余热方可倾倒
41		使用蚊香等引发火灾	睡觉时，熄灭蚊香或放置在远离被褥等地方

附录四　防火档案

编号：

级别：

×××单位消防

防
火
档
案

单　位　名　称：＿＿＿＿＿＿＿＿＿

建　档　级　别：＿＿＿＿＿＿＿＿＿

建　档　单　位：＿＿＿＿＿＿＿＿＿

建　档　时　间：＿＿＿＿＿＿＿＿＿

目　录

基 本 情 况

单 位 名 称			地 址		
所 属 单 位			职 工 总 数		
行 政 负责人		电话	公 司 承包领导	电话	
防 火 负责人		电话	单 位 承包领导	电话	
专 兼 职 防火干部		电话	基 层 队 承包领导	电话	
主要 储存 易燃 易爆 物品 名称			年 最 大 储 存 量		
			物 品 价 值		

防火领导小组（HSE 领导小组）

领导小组 职务	姓名	性别	年龄	部门	职务	文化 程度	政治 面貌	参加工作 时间	联系方式
组　长									
副组长									
成员									

防火领导小组职责

（一）组织贯彻有关国家地方消防安全法律、法规，落实上级单位有关消防安全管理制度及要求，制定本单位消防安全工作计划，并组织实施。

（二）掌握本单位生产过程的防火特点，每月深入现场检查火源、火险及灭火设施管理，督促落实火灾隐患的整改，确保消防设施的完好，消防道路畅通。

（三）针对本单位的防火特点，结合季节特点，开展消防安全培训教育。

（四）组织有关人员审查、制定动火措施，抓好工业动火的审批，并按规定督促落实现场监护。

（五）按照相关规定配备消防安全标志、设施和器材，并定期组织检查维护和保养，确保消防设施和器材完好有效，保障消防安全通道畅通。

（六）每月组织开展一次灭火预案演练，带领职工扑救初期火灾，保护火灾现场，协助有关部门调查火灾原因。

（七）定期分析本单位的消防安全情况，研究解决实际问题，并按规定做好防火档案的填写。

消防安全第一责任人职责

（一）贯彻执行消防法律法规，保障单位消防安全符合规定，掌握单位的消防安全管理情况。

（二）将消防工作与单位的生产、科研、经营、管理等活动统筹安排，批准实施年度消防工作计划。

（三）确保单位消防安全必要的资金投入和组织保障。

（四）组织实施火灾应急救援预案演练。

（五）及时处理消防安全重大问题，如实报告、组织处理火灾事故。

消防安全分管领导职责

（一）组织拟订年度消防工作计划。

（二）批准实施消防安全管理制度。

（三）组织 消防检查，督促落实火灾隐患整改，及时处理涉及消防安全的重大问题。

（四）组织建立义务消防队，指导和督促义务消防队按职责开展工作。

（五）组织审查单位火灾应急救援预案，并按要求督促实施演练。

（六）定期分析本单位的消防安全工作，向消防安全责任人报告消防安全管理情况，及时报告涉及消防安全的重大问题。

义务消防队（应急突击队）

姓名	性别	年龄	组织内职务	文化程度	参加工作时间	政治面貌	工种	部门	联系方式

义务消防队（应急突击队）职责

（一）协助本单位制定、执行消防安全制度，制止和劝阻违反消防安全规定的行为。

（二）义务开展消防宣传教育培训。

（三）定期开展防火检查，积极参与火险隐患整改。

（四）熟悉本单位火灾特点及处置对策，熟悉消防设施情况和水源情况，掌握消防器材的使用方法，维护保养本单位和本岗位的消防设施器材。

（五）定期进行灭火疏散预案演练，熟悉灭火疏散预案，发生火灾时，会报火警，会组织人员疏散，会使用灭火器具，积极参加初期火灾扑救，配合消防队灭火。保护火灾现场，协助火灾原因调查。

易燃易爆危险物品储存

品　种	用途	储存量 t	储存形式	设置点	负责人

火灾危险性

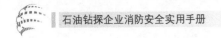
防火安全措施

消防器材管理台账

单 位

序号	摆放位置	器材名称	型号	数量	生产日期	维修日期	管理负责人	备注

注：1. 名称填写灭火器、消防栓、消防水带（枪）、消防泵等；型号填写如 MFZ/ABC8，MFT/ABC35 等。
　　2. 消防桶、消防锹、消防毡、消防斧等数量一栏填写合计数。

防火宣传教育记录

时间		地点		主持人	
参加人：					
内容：					